クラウドエンジニアの教科書

The textbook of the Cloud Engineer

株式会社ハートビーツ
佐野裕／伊藤俊一／
小嶋宏幸／Namihira

C&R研究所

■権利について

- 本書に記述されている社名・製品名などは、一般に各社の商標または登録商標です。
- 本書では™、©、®は割愛しています。

■本書の内容について

- 本書は著者·編集者が実際に操作した結果を慎重に検討し、著述·編集しています。ただし、本書の記述内容に関わる運用結果にまつわるあらゆる損害・障害につきましては、責任を負いませんのであらかじめご了承ください。
- 本書は2022年7月現在の情報で記述しています。

●本書の内容についてのお問い合わせについて

この度はC&R研究所の書籍をお買いあげいただきましてありがとうございます。本書の内容に関するお問い合わせは、「書名」「該当するページ番号」「返信先」を必ず明記の上、C&R研究所のホームページ(https://www.c-r.com/)の右上の「お問い合わせ」をクリックし、専用フォームからお送りいただくか、FAXまたは郵送で次の宛先までお送りください。お電話でのお問い合わせや本書の内容とは直接的に関係のない事柄に関するご質問にはお答えできませんので、あらかじめご了承ください。

〒950-3122 新潟県新潟市北区西名目所4083-6　株式会社 C&R研究所　編集部
FAX 025-258-2801
『クラウドエンジニアの教科書』サポート係

はじめに

本書はクラウドを学ぶ際に一番最初に読むのに適した本を目指して執筆しました。クラウドサービスについて一通り説明をしているのはもちろんのこと、他の本では省かれるような周辺知識でも、初学者が知っておくべきことについてはきちんと盛り込んで丁寧に説明するよう心掛けました。

クラウドについて書かれた本は山ほどありますが、他の多くの本ではクラウドのすべてのサービスや機能を網羅的に説明しようとするあまり、クラウドの概要や学び方について理解してもらうための本というよりはベンダーのマニュアルやカタログのような本になってしまっているように感じます。本書では網羅性よりは初学者にとって特に大事な事象に関してわかりやすさに重きをおいて執筆しているため、クラウドのすべてのサービスや機能を紹介しきれているわけではありません。その代わり、クラウドの世界観や最初のとっかかりを知るための本としては他のどの本よりも優れていると自負しています。

本書では世界3大クラウドであるAWS(Amazon Web Services)、Azure(Microsoft Azure)、およびGCP(Google Cloud Platform)をできるだけ公平に扱って[1]執筆しました。各クラウドベンダーの違いについて知りたいという方も本書は適していると思います。

本書を足掛かりとして、1人でも多くの方がクラウドエンジニアとしてご活躍されることを強く願っております。

本書の特徴

本書の特徴は次の通りです。

- 本書ではクラウドの大枠をつかむ目的で利用してもらう。
- クラウドで知るべき知識は山ほどあるが、それらをすべて紹介することはあえて目指さない。
- 読みやすくするために図をたくさん盛り込んでいる。
- 3大クラウド(AWS, Azure, GCP)を対象として説明している。

---

[1]：一部の章では、紙面の都合上、特定クラウドのみで実例を盛り込んでいます。そちらはあくまでも雰囲気を感じてもらうために盛り込んでいる部分である点ご了承ください。

対象の読者層

本書では次のような読者層を想定しています。

- 新入社員
- クラウド未経験の開発者
- クラウド未経験のインフラエンジニア
- すでに1つのクラウドについては精通しているが、他のクラウドとの違いを理解したいと考えているエンジニア

本書の注意点

本書は、クラウドのすべてがわかるという本というよりは、クラウドの基本や概要をきちんと最速で理解してもらうとともに、この本を読み終わった後に次に自分は何を勉強していけばよいのかがわかるようになる本と考えていただければと思います。本書を読むことで2冊目以降を読むスピードが格段に上がるはずです。

本書を読み進めるにあたって、各章は独立しているので必ずしも最初の章から順番に読み進める必要はありません。ぜひ気になった章から読んでみていただけたらと思います。

著者陣について

株式会社ハートビーツ 技術開発室にて、日常にAWS、Azure、GCPなどのクラウドを使いこなしながら、社内システムの開発や社内システム基盤の設計・構築・運用を行っています。

2022年8月

著者陣を代表して

佐野 裕

サンプルコードについて

サンプルコードの中の▼について

本書に記載したサンプルコードは、誌面の都合上、1つのサンプルコードがページをまたがって記載されていることがあります。その場合は▼の記号で、1つのコードであることを表しています。

サンプルコードのダウンロードについて

本書で紹介しているCHAPTER-09とCHAPTER-10のサンプルコードは、C&R研究所のホームページからダウンロードすることができます。本書のサンプルコードを入手するには、次のように操作します。

❶「https://www.c-r.com/」にアクセスします。

❷トップページ左上の「商品検索」欄に「371-3」と入力し、[検索]ボタンをクリックします。

❸検索結果が表示されるので、本書の書名のリンクをクリックします。

❹書籍詳細ページが表示されるので、[サンプルデータダウンロード]ボタンをクリックします。

❺下記の「ユーザー名」と「パスワード」を入力し、ダウンロードページにアクセスします。

❻「サンプルデータ」のリンク先のファイルをダウンロードし、保存します。

サンプルのダウンロードに必要な
ユーザー名とパスワード

ユーザー名　**cden**

パスワード　**79uex**

※ユーザー名・パスワードは、半角英数字で入力してください。また、「J」と「j」や「K」と「k」などの大文字と小文字の違いもありますので、よく確認して入力してください。

目次 contents

CHAPTER-01

クラウドの概要

CHAPTER-02

クラウドエンジニアの定義

CHAPTER-03

クラウドの世界観

CHAPTER-04

クラウドのユーザー管理と権限設定

CHAPTER-06

クラウドを試してみる

CHAPTER-07

クラウドを使ったシステムの費用

CHAPTER-08

クラウド上でWindowsを扱う

CHAPTER-09

Infrastructure as Code

CHAPTER-10

クラウド上でコンテナを扱う

CHAPTER-11

マルチクラウド構成

CHAPTER-12

IaaSやPaaSの監視

CHAPTER 01 クラウドの概要

本章の概要

本章ではクラウドの概要について説明します。また、クラウドを理解する上でも必要な物理インフラについても触れています。

クラウドの概要

クラウドとは、物理サーバーやデータセンターなどの管理をクラウドベンダーに任せてコンピューターリソースをインターネット経由で利用できるようにした利用形態です。

これまで自前でインターネット向けサービスを提供しようとする場合は、データセンターを借りてサーバーやネットワーク機器などを購入して配線を行って、というような物理的な作業が多く必要でした。それがクラウドを用いると、それら物理作業のすべてをクラウドベンダーに任せて、使った時間や量に対する料金を支払うだけでコンピューターリソースを利用できるようになります。

なお、クラウドに対して自前でITインフラを物理的に管理して使う利用形態をオンプレミスと呼びます。クラウドとオンプレミスはよく対比されます。

●クラウドとオンプレミスの比較

	クラウド	オンプレミス	備考
導入スピード	○	×	クラウドでは物理作業が不要
初期コスト	○	×	クラウドは初期コスト不要
維持費用	△	△	規模感による。小中規模であればクラウドが有利
運用・管理の手間	○	×	物理インフラ管理の有無が大きい
セキュリティ	△	△	両者共に一長一短がある
動的な拡張・縮小	○	×	オンプレミスでは物理作業が必要
初期学習の負担	×	×	クラウドも簡単なわけではない
特に重要な機密情報の管理	×	○	他社管理インフラに置けないデータなど
インフラ品質の自社管理	×	○	クラウド部分がブラックボックスになる

クラウドサービスの裏側

クラウドサービスといっても、その裏側は従来通りデータセンター内に多数の物理機器で構成された物理インフラ上で稼働しています。

オンプレミス環境下では物理インフラを自分たちで管理しなければなりませんでしたが、クラウドでは全部クラウドベンダーが管理してくれるため、ユーザーが物理インフラを意識する必要がありません。

物理インフラを管理するということは、機器増設、故障対応、老朽機器の入れ替えなどのメンテナンス作業が継続的に発生しますが、クラウドサービスではそれらすべてをクラウドベンダーが担ってくれることがユーザー側の大きなメリットです。

SECTION-02

クラウドには3種類の定義がある

一般的にクラウドコンピューティングは、「インターネット経由で提供されるコンピューター資源を利用すること」と定義されています。クラウドの設定や操作はすべてインターネット経由で行います。

クラウドにはIaaS（アイアース）、PaaS（パース）、そしてSaaS（サース）の3種類に分類されます。それぞれの違いは次の通りです。

◉IaaS、PaaS、SaaS、オンプレミスの違い

オンプレミス	IaaS	PaaS	SaaS
アプリケーション	アプリケーション	アプリケーション	アプリケーション
ミドルウェア	ミドルウェア	ミドルウェア	ミドルウェア
OS	OS	OS	OS
仮想環境	仮想環境	仮想環境	仮想環境
ハードウェア	ハードウェア	ハードウェア	ハードウェア
ネットワーク	ネットワーク	ネットワーク	ネットワーク
設備・電源	設備・電源	設備・電源	設備・電源

ユーザー管理

クラウドベンダー管理

IaaS（Infrastructure as a Service）の特徴

IaaSでは、システムインフラをサービスとして提供します。

必要なOSがあらかじめインストールされているサーバーインスタンスを必要な数だけ起動させ、その上にミドルウェアやアプリケーションなどを設定し利用する形態です。

IaaSの利点は次の通りです。

- 自社で物理サーバーを持たずに使えるため、物理サーバーを管理する手間が不要となる。
- OSがインストールされた状態でサーバーをすぐに使える。
- サーバーインスタンス数の増減を短時間に行える。
- 使った分だけ費用が発生する従量課金制である。
- 自社で資産を持たずに済むので、サーバーなどの物理機器を買うと発生する減価償却処理が不要で、かつクラウド利用費は会計処理上そのまま費用処理が行える。

PaaS(Platform as a Service)の特徴

PaaSでは、アプリケーション実行環境をサービスとして提供します。

一般的にアプリケーションを実行させるためには、さまざまなミドルウェア、データベース、開発ツールといったアプリケーションを実行するための環境(プラットフォーム)を用意する必要があります。しかし、PaaSであればすでに用意されているアプリケーションの実行環境を用いることができるので、速やかにアプリケーションが実行できるようになります。

ただ、PaaSではプラットフォームの仕様が決められているため、PaaSの仕様に合わせて使わなければならないという点でIaaSより自由度が下がります。

PaaSの利点は次の通りです。

- アプリケーションを動作させるために必要な環境構築の手間を軽減できる。
- インフラの設計や管理がIaaSよりも軽減できる。
- 比較的短期間でサービスのリリースができる。

SaaS(Software as a Service)の特徴

アプリケーションをインターネットを通してサービスとして提供します。

SaaSサービスは山ほどありますが、特に有名なものとして、たとえばGmail、Zoom、Slack、Dropboxなどがあります。SaaSサービスではユーザーはアカウントを作成することですぐにサービスを使えるものが多いです。

なお、クラウドエンジニアが主に活躍するのはIaaSとPaaSとなるため、本書ではこれ以降でSaaSに触れません。

COLUMN

IaaS、PaaS、SaaS以外の定義

IaaS、PaaS、SaaS以外にもさまざまな定義が提唱されています。必ずしも一般的な定義として定着しているわけではないので参考程度に紹介します。

定義	説明
CaaS(Container as a Service)	コンテナベースの抽象化を使用してアプリケーションの管理とデプロイを支援するクラウドサービス。IaaSとPaaSの間に位置づく
DaaS(Desktop as a Service)	主にWindowsクライアントの仮想デスクトップを提供するクラウドサービス。VDIは自社管理サーバーを使用するのに対して、DaaSはクラウドベンダーのサービスを使用するところが異なる
FaaS(Function as a Service)	サーバーレスでアプリケーションが動作するクラウドサービス。イベントドリブン方式として何か特定条件件が発生したときに特定のコードが呼び出されて実行される、といったような使い方をする

クラウドの費用

クラウドには初期費用や解約費用がなく、従量制料金として維持費用のみ発生します。すなわち、クラウドを使いたいとき使い始め、使い終わったらすぐ閉じるといった使い方ができます。

クラウドはサービスによってさまざまな形で維持費用が算出されます。たとえば算出方法としては次のようなものがあります。

- 実稼働時間
- 実行回数
- 確保しているストレージ容量
- 保管しているストレージ容量
- ネットワークのデータ転送量
- グローバルIPアドレスの利用個数

サービスの稼働中状態と停止中状態とで単価が異なるといったリソースもあります。この場合はリソース未使用時に停止させておくと費用を節約できます。

COLUMN

クラウドを解約するときにも費用がかかることがある

クラウドには解約費用がないと書きましたが、クラウドから撤退するときにデータを取り出す際にはそれなりの費用が発生します。たとえば、数百GBやTBといった巨大な単位のデータを取り出すことになるような場合は、あらかじめ費用を確認しておくことをおすすめします。

クラウドの料金支払い

クラウドではクレジットカードで利用料を支払う場合が多いと思われます。ただし月額請求額が数百万円や数千万円といった単位の額になってくると、その金額を満たす利用枠のクレジットカードを用意するのが難しくなります。

法人や組織の場合、クラウドベンダーの審査が通れば請求書払いが可能となります。もしくはクラウド料金請求代行サービスを行っている業者を利用することでも請求書払いが可能となります。

SECTION-04

クラウドベンダーとユーザーとの責任範囲

各社クラウドサービスでは、クラウドベンダーとユーザーとの間で責任範囲が決められています。

◉クラウドベンダーとユーザーの責任範囲

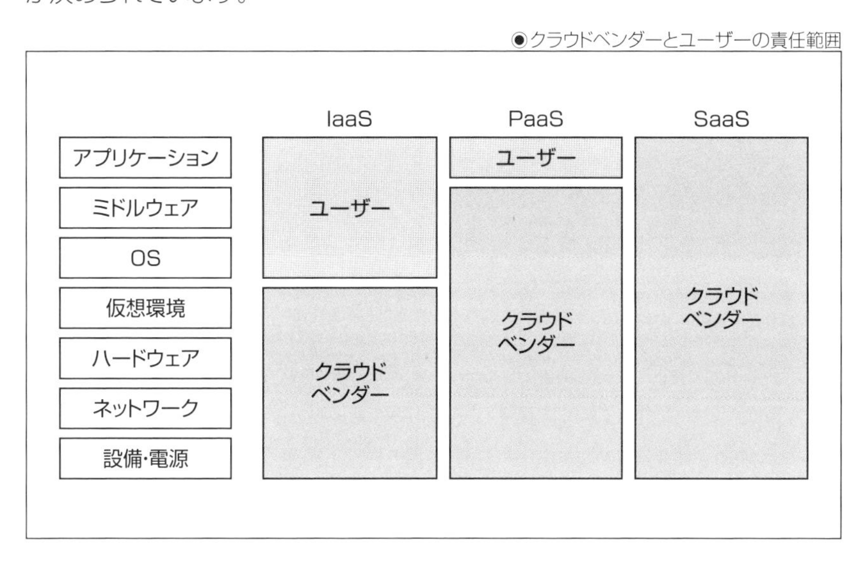

クラウドベンダーの責任範囲はSLA(Service Level Agreement)という形でサービスレベルが定められます。SLAでは定められた稼働率が保証されており、もしそれを下回る稼働率となった場合は、ユーザーが申し立てを行ってそれが認められれば、将来の請求から一定の割引が行われる契約となっていることが一般的です。

これは逆にいうと、万が一クラウドベンダー側に何か過失があって自社ビジネスに多額の損害が発生したとしても、クラウドベンダー側の責任範囲は所定の割引だけに制限されている契約ともいえます。

SLAにて稼働率が保証されるといっても、その稼働率通りにクラウド基盤が安定的に使えることが保証されているわけではないということに注意が必要です。いきなりクラウドベンダー側で大規模障害が発生して長期間クラウド基盤が使えなくなることが起きる可能性は十分あり得ます。そのような場合、クラウドベンダー側の過失が一定の割引をもって帳消しにされるというのがSLAの本質的な考えであると理解するのがよいでしょう。

下記は各クラウドベンダーが定義しているSLAをいくつか抜き出したものです(2021年10月現在)。

- Amazon EC2
  - 月間稼働率99.0%以上99.99%未満 → 利用料金10%返金
  - 月間稼働率95.0%以上99.0%未満 → 利用料金30%返金
  - 月間稼働率95.0%未満 → 利用料金100%返金
    - サービスクレジットでの返金
- Amazon S3
  - 月間稼働率99.0%以上99.9%未満 → 利用料金10%返金
  - 月間稼働率95.0%以上99.0%未満 → 利用料金25%返金
  - 月間稼働率95.0%未満 → 利用料金100%返金
    - サービスクレジットでの返金
- Azure 仮想マシン
  - 月間稼働率99.0%以上99.99%未満 → 利用料金10%返金
  - 月間稼働率95.0%以上99.0%未満 → 利用料金25%返金
  - 月間稼働率95.0%未満 → 利用料金100%返金
    - サービスクレジットでの返金
- GCP Compute Engine
  - 月間稼働率99.00%以上99.99%未満 → 利用料金10%返金
  - 月間稼働率95.00%以上99.00%未満 → 利用料金25%返金
  - 月間稼働率95.0%未満 → 利用料金100%返金

参考までに、稼働率と月間ダウンタイムの関係は下記の通りとなります。

● 稼働率とダウンタイムの関係

稼働率	月間ダウンタイム(30日)
95%	36時間
99%	7.2時間
99.5%	3.6時間
99.9%	43.2分
99.99%	4.32分
99.999%	25.9秒

SECTION-05

クラウドの勢力図

世界的なクラウドのシェアとしては、本書の執筆時点でAWSとAzureだけで50%を超えます。それに次いでGoogle(GCP)、Alibaba、IBMなどが並びます。

◉クラウドの世界シェア

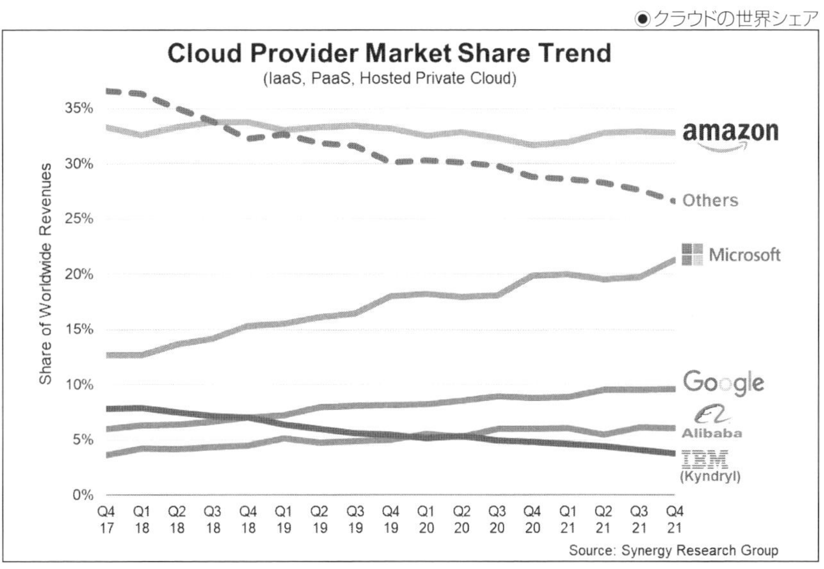

※出典：https://www.srgresearch.com/articles/as-quarterly-cloud-spending-jumps-to-over-50b-microsoft-looms-larger-in-amazons-rear-mirror

一方、日本のクラウドのシェアは、AWS、Azureに次いで富士通(ニフクラ)、NTT、Google(GCP)と続きます。

◉各国でのクラウドのシェア

Cloud Services Leadership – APAC Region

Rank	Total Region	China	Japan	Rest of East Asia	South & Southeast	Oceania
Leader	Amazon	Alibaba	Amazon	Amazon	Amazon	Amazon
#2	Alibaba	Tencent	Microsoft	Microsoft	Microsoft	Microsoft
#3	Microsoft	Baidu	Fujitsu	Google	Google	Google
#4	Tencent	China Telecom	NTT	Alibaba	Alibaba	Telstra
#5	Google	Huawei	Google	Naver	IBM	IBM
#6	Baidu	China Unicom	Softbank	KT	NTT	Alibaba

Based on IaaS, PaaS and hosted private cloud revenues in Q4 2021

Source: Synergy Research Group

※出典：https://www.srgresearch.com/articles/aws-alibaba-and-microsoft-lead-the-apac-cloud-market-tencent-google-and-baidu-are-in-the-chasing-pack

SECTION-06

クラウドベンダーの選び方

自分たちがどのクラウドベンダーを選んで使うべきなのかは、現実的によく発生する悩みの1つです。この課題に対して、おおよそ下記のうちのいずれかで選定しているところが多いようです。

- 従業員が一番使い慣れているクラウドベンダーを選ぶ。
- 使いたい機能が含まれているクラウドベンダーを選ぶ。
- システム開発を委ねている開発会社やSIベンダーが推薦するものを選ぶ。
- 資料やドキュメントが充実しているクラウドベンダーを選ぶ。
- サポートが充実しているクラウドベンダーを選ぶ。
- 費用比較を行ってクラウドベンダーを選ぶ。
- 日本の商習慣がそのまま通用することの多い、日本国内のクラウドベンダーを選ぶ。

いろいろ書きましたが、実際のところ何か起こってもすぐに対応できるという点で、従業員が一番使い慣れているか、もしくはシステム開発を委ねている開発会社やSIベンダーが推薦するクラウドベンダーを選ぶことが合理的だと思います。

COLUMN

実際的なクラウドベンダーの選び方

クラウドベンダーをどのような理由で選んでいるのかさまざまな方々に聞いてみたところ、下記のような意見が集まりました。主観的な意見が中心ですが、参考にしてみてください。

- シェアNo.1でかつ経験者の多いAWSを使う。
- 情報量の多さからAWSを使う。公式ドキュメントだけでなく本や個人ブログなども含めて情報量が群を抜いている。
- ECサイト案件の場合はAmazonが競合他社にあたるのでAWSは使わない。
- Active Directoryとの連携が必要な場合はAzureを使う。
- 社内システム用途であればAzureを使う。Azure ADを中心において各種システムとの連携が行いやすい。
- 日本語によるサポートが充実しているAzureを使う。
- Microsoft社製品が多い環境ではAzureを使う。
- FirebaseなどのGCPにしかない機能を使いたい場合はGCPを使う。
- Kubernetesを使いたい場合はGCPが個人的には一番使いやすい。
- 特定ベンダーに偏ると代替手段がなくなるので、学習の手間が増えることを差し引いても常に複数のクラウドベンダーを併用する。

費用削減

クラウドにはさまざまな費用削減の方法があります。

サーバーを使わないときは停止する

たとえば業務時間中にしか使われないサーバーがあった場合、業務時間外は自動的にサーバーが停止されるようにするなどの設定を行うとその分費用が削減できます[1]。

単価の安いリージョンを使う

一般的に東京リージョンは海外のリージョンと比べて単価が高めです。そこで開発やテストなどに使われるサーバーの場合は、単価の安い海外のリージョンを使うといった使い分けをする方法があります。ただしリージョンによっては一部提供されないサービスがある場合があるので一応注意してください。

使っていないリソースを確実に削除する

クラウドサービスを使うと簡単にリソースの作成ができる反面、消し忘れると無駄な費用が発生します。これが積もり積もると結構な無駄となるので注意してください。

長期利用割引を活用する

長期利用割引を行うと割引が適用されます。ただし契約途中による解約の場合は違約金が発生することがあります。

短期利用割引を活用する

クラウドベンダーの空きリソースが活用された、短期利用割引の契約形態が提供されることがあります。これは使いたいリソースに入札価格をつけ、その入札価格が現在のスポット価格を上回っている場合にそのインスタンスを利用することができるという契約形態です。

非常に安価に使える可能性が高い反面、スポット価格変更によって突然サーバーが停止されてしまうこともあります。

[1]：サーバーインスタンスに別途ブロックストレージやグローバルIPアドレスを確保して紐付ける構成で使っている場合では、サーバーインスタンスを停止してもそれらの部分で課金が発生し続けている可能性があるので注意が必要です。

●課金体系と割引される利用形態

	AWS	Azure	GCP
インスタンスの課金単位	秒単位(最小課金時間60秒)	秒単位	秒単位(最小課金時間60秒)
長期利用割引の仕組み	リザーブドインスタンス(1年または3年)	Reserved VM Instances(1年または3年)	確約利用割引(1年または3年)、継続利用割引(自動適用)
短期利用割引の仕組み	スポットインスタンス	low-priority VM	プリエンプティブインスタンス

COLUMN

定期的な棚卸しによる無駄な費用削減

すでに誰も使っていないリソースが残ったまま放置されているために無駄に費用が発生しているケースがよく見られます。これは使い終わった後にリソースを削除し忘れる人や離職時にリソースを削除せずに会社を離れる退職者が主な原因です。そこで定期的に棚卸しをする仕組みを取り入れるとこのような無駄な費用が削減できるようになります。

ただ、実際に棚卸しをしようとすると、そもそもリソースの利用者が誰なのかはっきりせずリソースの利用状況を確認できないケースも多々見られます。そのようなことにならないようにするためには、各リソースにタグ付けしたり、リソース名に利用者名を入れるなどの利用者を明確にするためのルールを適用する方法が有効です。

もしくは共用アカウントは極力使わないようにし、各々が別のアカウントを使う運用にすると各リソースへのアクセスログから利用者を特定できるようになります。

SECTION-08

クラウドに期待しすぎてはいけない

ひょっとしたら、クラウドを使うことで直ちにバラ色の世界が広がると考える人がいるかもしれません。これはクラウドを使いさえすれば煩雑なITインフラの管理から解放され、本来すべき作業に集中でき、かつ費用も最小化できるというような世界のことです。

しかし現実には必ずしも簡単・安い・万能というわけでないことに注意が必要です。クラウドのメリットを享受するためには、正しいインフラやクラウドの知識があって、クラウドに合った適切な使い方をして、かつクラウドに合ったサービスを展開することが前提となります。

たとえば下記のような悪いケースもよく見かけます。

- ITインフラやクラウドの知識がないため、何をどう設定すればいいのか見当もつかず時間だけが過ぎていく。
- 不適切な設定によりセキュリティホールがあり、不正アクセスにより膨大な費用請求が発生。
- 毎日数分程度しか使わないのに24時間つけっぱなしや無駄に大きいスペック割り当てで無駄な課金が発生。
- クラウドを使うのでインフラエンジニアは不要で開発者だけですべて対応というポリシーでサービス運用を始めたが、アクセスが増えれば増えるほど開発者だけでは手に負えなくなり、やはりインフラエンジニアが必要となった。

SECTION-09
オンプレミスとクラウドの特性の違い

オンプレミスとクラウドの特性が異なるため、オンプレミスの構成や設計思想をそのままクラウドで再現するだけだと不十分です。クラウドならではの考え方を取り入れる必要があります。

フェイルセーフの設計思想が必要

クラウドでは装置やシステムが必ず故障するということを前提にシステムを設計する必要があります。この設計思想をフェイルセーフと呼びます。オンプレミスでは用途に応じて極力サーバーなどの機器がダウンしないように高機能・高品質で高価なハードウェアを用いるのに対し、クラウドではサーバーなどのリソースは突然ダウンするものであるということを前提に、いつリソースがダウンしてもサービス影響がないようにシステムを構成します。

頻繁に作り直しや入れ替えを行う

クラウドではサーバーなどのリソースを削除してすぐに再生成するといったことが容易です。たとえば、サーバーに問題が起きたときやOSの最新バージョンが出た場合にすぐに入れ替えることができます。

リソースの動的増減を活用する

システムのアクセス状況が日や時間によってばらつく場合、オンプレミスではピーク時のアクセス量以上のコンピューターリソースを常に確保しておく必要がありました。それに対してクラウドではリソースを動的に増減させることができるため、システムのアクセス状況に応じてコンピューターリソースを動的に増減させながら使うことができます。

クラウドの各種サービスを活用する

クラウドにはさまざまなサービスが存在します。どれも既存顧客の課題をよく分析して用意されたサービスのため、自分たちで一から準備しなくてもクラウドの各種サービスを利用することで短期間に課題解決ができるようになります。クラウドでは新サービスが頻繁にリリースされるので情報収集しながら必要に応じて自社サービスに取り入れてみるのもよいでしょう。

物理インフラのおさらい

クラウドでは物理インフラを意識せずとも使えることがメリットの1つですが、クラウド自体は物理インフラの上で動いているため、物理インフラについても知っておくとクラウドの世界観をより深く理解できるようになります。そこでここでは物理インフラについて簡単に説明します。さらに詳しく知りたい場合は『インフラエンジニアの教科書』(C&R研究所刊)も読んでみてください。

データセンター

ITインフラは、物理的に重い、電力消費量が多い、常時冷却が必要、外部とのインターネット接続性が重要、セキュリティ対策や地震・火事などの災害対策が必要などの性質があり管理は容易ではありません。データセンターを利用するとそれらの課題を一気に解決することができます。

データセンターには、サーバー、ネットワーク機器、ファイアウォール、ストレージなどを含めた物理的なITインフラ機器を保管するのに適した環境が用意されています。ITインフラが長期間止まらずに維持できるように無停電装置の設置や各種災害対策もなされています。また、データが不正に持ち出されないように万全のセキュリティ対策が施されています。

◉データセンター

※出典：https://www.pexels.com/photo/server-racks-on-data-center-4508751/
(Brett Sayles)

◉サーバーラックの裏側の配線

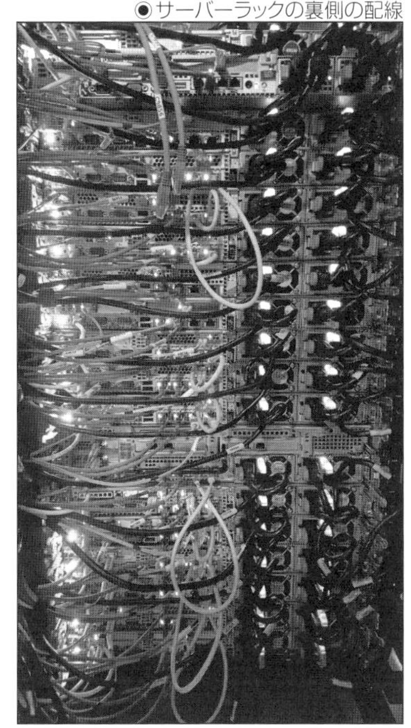

※出典：https://unsplash.com/photos/zFYUsLk_50Y(Massimo Botturi(@wildmax))

サーバー

サーバーは、コンピューターリソースを提供する機器です。デスクトップPC同様、マザーボード(メインボード)、CPU、メモリ、ディスク、NIC(ネットワークインターフェイスカード)などの部品で構成されています。

24時間365日稼働を前提としているため、ハードウェアの故障が発生しにくく、また、仮に一部が故障しても極力システムが止まらないように設計されています。また、システムが停止する時間を最小限にするためのさまざまなサポートが無償・有償で提供されます。

◉ラックマウントサーバー

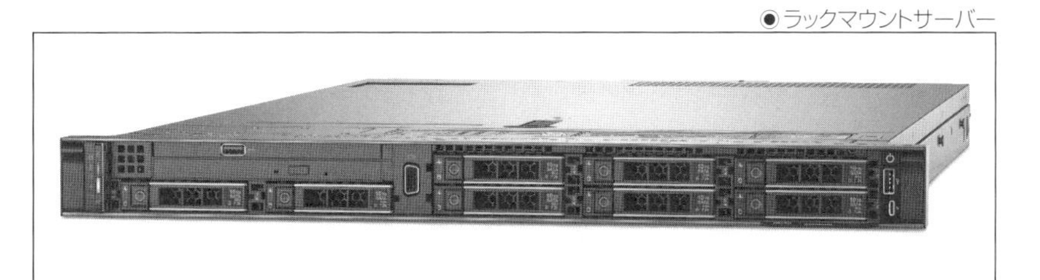

※出典：デル・テクノロジーズ株式会社(https://www.dell.com/ja-jp/shop/povw/poweredge-r640)

01 クラウドの概要

ネットワークスイッチ

ネットワークスイッチは、複数のサーバーのネットワーク通信を集約し、かつ他のネットワーク機器との間で通信を中継する機器です。ネットワークスイッチではUTPケーブル(いわゆるLANケーブル)と光ファイバーケーブルとが主に扱われます。

●ネットワークスイッチ

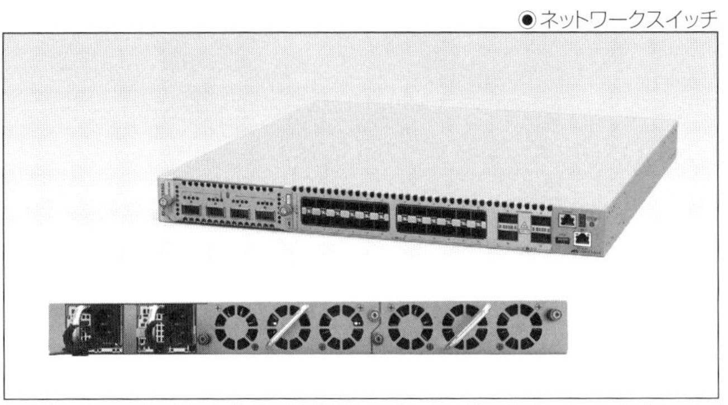

※出典:アライドテレシス株式会社(https://www.allied-telesis.co.jp/library/photo/switch/index.html)

ロードバランサー(LB)

ロードバランサーは別名負荷分散装置とも呼ばれます。その名の通り、ロードバランサーに接続された複数のサーバーに負荷を分散させることができる機器です。

具体的には、ロードバランサー上に設定されたVIP(Virtual IP address)に対してリクエストが届くと、あらかじめ設定しておいたルールに則ってそのリクエストをいずれかのサーバーに転送します。たとえば、サーバーが10台接続されているとして、順番にリクエストを割り振る設定(ラウンドロビンと呼ばれる)などを行うと、理屈的に各サーバーには10リクエストごとに1回リクエストを受け取ることになります。これはサーバーにとっては負荷が1/10になったといえるのと同時に、システム全体としてキャパシティが10倍、すなわち10倍の負荷に耐えられるようになったともいえます。

●ロードバランサー

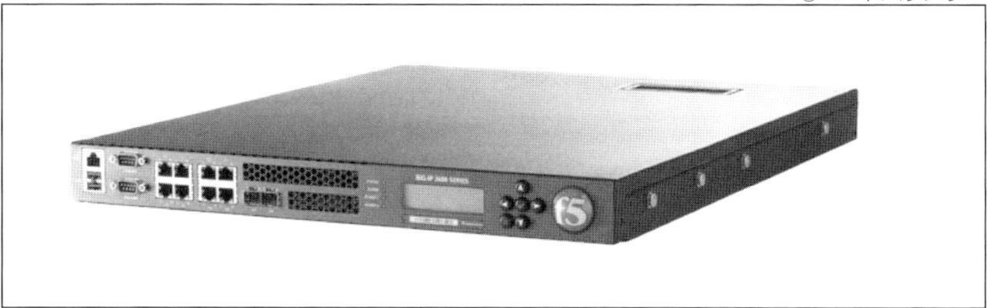

※出典：F5, Inc.(https://support.f5.com/csp/knowledge-center/hardware/BIG-IP%20Platforms/BIG-IP%203600)

ファイアウォール

ファイアウォールはセキュリティ用途のネットワークアプライアンス機器です。あらかじめ設定しておいたルールに則ってネットワークトラフィックの内容をすべて見て、許可(allow)もしくは拒否(deny)のいずれかで判断して通信を制御します。

たとえば、Webサービスのためにロードバランサー上にVIPを1つ設定したとし、ファイアウォール上でそのVIPのTCP80番ポートと443番ポートだけを許可(allow)し、それ以外のリクエストはすべて拒否(deny)する設定にしておくとします。すると外部からのリクエストはそのVIPに対するTCP80番ポートと443番ポート向けの通信だけしか通さないようになり、セキュリティ安全性が高まります。

近年はファイアウォール機能を含む複数の異なるセキュリティ機能を1つのハードウェアに統合し、集中的にネットワーク管理することができるUTM(Unified Threat Management)と呼ばれる統合脅威管理機器も広く使われています。

●UTM

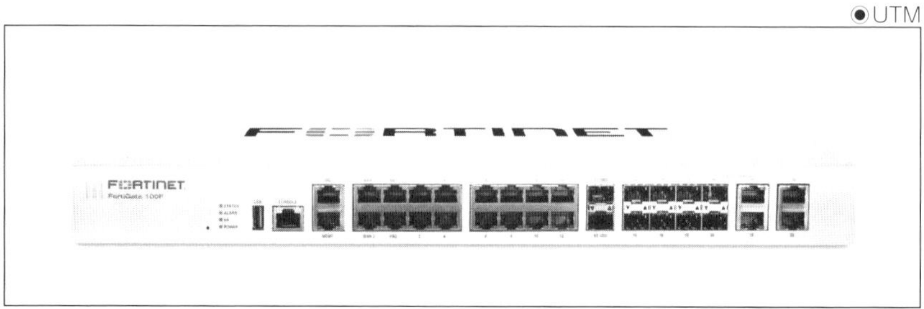

※出典：フォーティネットジャパン合同会社(https://www.fortinet.com/content/dam/fortinet/assets/data-sheets/ja_jp/FGT100F_DS.pdf)

ストレージ

データを記憶する装置のことをストレージと呼びます。ストレージには、サーバー内部の記憶領域であるローカルストレージと、サーバー外の記憶領域として外部ストレージがあります。外部ストレージにはサーバーに直接、接続するもの(DAS)とネットワーク経由で接続するもの(NAS・SAN)があります。

●ストレージ

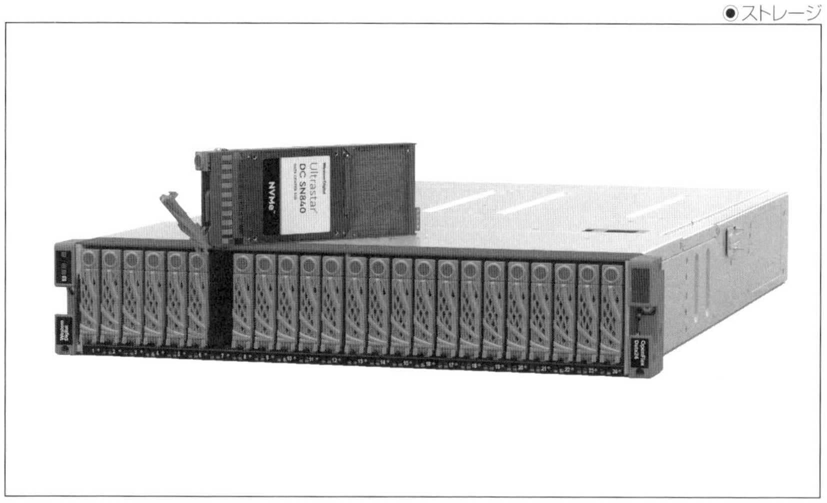

※出典：Western Digital(https://www.westerndigital.com/ja-jp/products/data-center-platforms/openflex-data24-nvme-of-platform#vvc-capacity-368_TB)

クラウドよりもオンプレミスのほうが適しているケース

オンプレミス(onpremise)とはサーバーやネットワーク機器などの物理的なハードウェアや、ソフトウェアなどを自社で保有し運用する形態です。クラウドではそれらを管理する手間から解放されるため、世の中はオンプレミスからクラウドに移行する流れが一般的です。

しかし、それでもクラウドよりもオンプレミスを使うほうがよい場合もあります。たとえば、次のようなケースが挙げられます。

- 特に重要な機密情報を扱うために、他社管理のインフラ上にそれらのデータを置くわけにはいかない場合。
- サーバーからの応答速度が特に重要な場合。インターネット経由のクラウドサービスだと遅すぎる。
- サービス品質を自社で100%コントロールしたい場合。クラウドを利用するとクラウドの部分がどうしてもブラックボックスになってしまう。
- 法律や契約などの制限でクラウドを利用できない場合。
- 大規模システムの場合。クラウドよりもオンプレミスの方が圧倒的に安くなる場合が多い。

CHAPTER 02 クラウドエンジニアの定義

本章の概要

本章ではクラウドエンジニアの定義や求められるスキル、どうやってスキルを高めるとよいかを説明します。

クラウドエンジニアとは

クラウドエンジニアとは、クラウドサービスにおけるシステム設計、構築、運用などを担当するエンジニアのことを指します。また組織アカウントの管理や費用管理を行うこともあります。

クラウドエンジニアに求められる知識は多岐にわたります。従来のインフラエンジニアが必要としている知識に加えて、セキュリティの知識や開発手法の知識まで求められることもあります。

ただ、すべての分野に精通していないとクラウドエンジニアと呼べないわけではなく、分業化が進んでいる会社やプロジェクトも多いので、特定分野だけ得意だとか特定分野だけ弱いといった形でもクラウドエンジニアとして活躍している人は多いです。すなわち狭く深い領域で活躍している人もいれば、広く浅く活躍している人もいるのがクラウドエンジニアの特徴です。

SECTION-12

クラウドエンジニアに求められる技術スキル

クラウドエンジニアとなるためにはさまざまな技術スキルが必要となります。たとえば、次のようなスキルセットを持ち合わせていると幅広く活躍できるようになります。

- サーバー・OS
  - サーバーにOSをインストールした後適切な設定を行える。またサーバー設定を最適化してパフォーマンスを上げることができる。
- ミドルウェア
  - アプリケーションを動かすためにさまざまなミドルウェアが用いられるが、それらについてある程度の知識を持ち、かつ実運用で必要な諸作業が行える。
- ネットワーク
  - サーバーなどが置かれるネットワーク空間を適切にデザインできる。
- セキュリティ
  - 不正アクセスされないようセキュリティ対策を適切に行える。また不正アクセスが発覚した場合、即座に状況を把握し適切に対策が行える。
- プログラミング
  - クラウド上でインフラを構築する手順をコード化することでインフラ構築を自動化できる(これはInfrastructure as Codeと呼ばれる)。
- 監視・運用
  - システムが適切に動いているか監視設定を行い、異常が起きたら検知するようにできる。
- 障害対応
  - 障害が発生した場合、即座に状況を把握し、適切に対処が行える。
- 各社クラウドサービスの知識と経験
  - 各社クラウドサービスの機能や特性をよく把握していて、適切に選定を行える。

オンプレミスの知識と経験があると有利

クラウドの裏側は物理的なハードウェアが組み合わされて動いています。オンプレミスの経験があるとクラウドサービスの裏で実際に動いている物理的なインフラ環境をイメージできるようになります。もしクラウド側での障害やメンテナンスが発生した場合、その障害やメンテナンスの原因をなんとなく想像できることもあります。

また、案件によってはクラウド環境とオンプレミス環境とを併用するハイブリッド構成を取る場合もあります。この場合、オンプレミスの特性をよく知っていないとうまく対処できないことがあります。たとえば、クラウド環境とオンプレミス環境とを接続するためには両者のネットワーク環境を専用線で接続しますが、専用線で接続するためにはクラウドベンダーが提供している専用線が自社のオンプレミス環境が構築されているデータセンターと物理的に連結されている必要があるなど、さまざまな制約をすべて解消しなければなりません。

SECTION-13
クラウドエンジニアの目指す方向性

クラウドと一言でいっても、基本的なインフラサービスからAI/機械学習やブロックチェーンといった応用的なサービスまで多岐にわたります。特に応用的なサービスは各社共に、年々サービスメニューが増えており、おそらく各クラウドベンダーの社員であってもすべてのサービスに深く精通している人はあまりいないのではないかと思います。

すなわち、クラウドエンジニアだからといって、クラウドサービスのすべてを広く深く理解することは現実的ではありません。アンテナは広く張っておきつつ、特定分野についてだけは深く理解して得意分野を作っておくことが重要です。

それを踏まえてクラウドエンジニアの目指す方向性を5つ提案してみます。

方向性①—基本サービスの利用に長けたクラウドエンジニア

IaaSやPaaSを組み合わせてさまざまなインフラ環境を自由自在に構築・運用できるクラウドエンジニアを指します。クラウドのユーザー企業が各々どのようなクラウドサービスを組み合わせてインフラを構築しているのか日々興味を持って研究するような貪欲な姿勢が求められます。

方向性②—応用サービスをよく知っているクラウドエンジニア

技術営業の方や社内の技術利用を最適化するアーキテクトの方といった、どちらかというと広く浅くクラウドサービスを知っているべき人たちのことを指します。クラウドサービスを利用したいと考えている企業などがどんなクラウドサービスを用いると早く安価に問題解決できるかをよく知っていることが求められます。毎年クラウドベンダー各社が自社サービスを紹介するイベントを頻繁に開催しているので、そういったものを活用して常に情報収集しておくとよいです。

方向性③—特定分野に特に長けたクラウドエンジニア

AI/機械学習、ブロックチェーン、大規模分析など、特定の問題解決手段に特に長けたクラウドエンジニアを指します。クラウドサービスの利用方法に長けているのは当然として、その分野についても深く知っている必要があるため、習得難易度が高いですが希少性のある専門家となることができます。

方向性④―クラウドインフラからアプリ開発までカバーするフルスタックエンジニア

クラウドの登場により、以前よりも物理インフラの知識が求められなくなったことで、アプリケーションエンジニアがクラウドインフラも兼務するパターンも増えてきています。

方向性⑤―組織の管理者

クラウドを組織内で使う場合には組織の管理者が必要になります。ディレクトリ情報の構築、セキュリティ設計と設定、管理者や請求担当者の指定、適切なロール割り当てなど、やるべきことが多々あります。認証まわりでは多段階認証の導入や統合ID認証を検討するといったことも行います。組織の管理者が行う操作はクラウドベンダーによってまったく異なります。このあたりはCHAPTER-04「クラウドのユーザー管理と権限設定」も参考にしてみてください。

統合ID認証の用語整理

統合ID認証関連の用語は紛らわしいので整理してみます。

- フェデレーション(Federation)
  - ネットワークドメインをまたいだIDの連携
- シングルサインオン(Single Sign On)
  - 一度のユーザー認証処理によって、独立した複数のソフトウェアシステム上のリソースが利用可能になる機能または環境
- SAML認証(Security Assertion Markup Language)
  - インターネットドメイン間でユーザー認証を行うためのXML(マークアップ言語)をベースにした標準規格

SECTION-14

クラウドはどうやって学べばよいか

クラウドエンジニアになるためにはクラウドについてよく知っておく必要があります。

何かを学ぶためには知識量と経験量を増やしていく必要があります。これをクラウドの学習に当てはめると、各社クラウドの世界観を体系的に学びつつサービスの進化を適時ウォッチして知識量を増やしていくアプローチと、実際に試してみて経験量を増やしていくアプローチの両方が必要となります。

このことを踏まえて実際にクラウドを習得するにはどのような流れで行っていくのがよいか紹介していきます。

クラウドの世界観を押さえる

まずはクラウドの世界観を押さえます。全体像を押さえてから詳細を知っていく方法はクラウドの世界でも有効です。

認定資格を取得する

クラウドベンダー各社の世界観を短期間に把握する手段としての認定資格の勉強をするのは効果的です。特に各社の初級資格はサービス全体の世界観を比較的、短期間に押さえることができるのでクラウド理解の第一歩としておすすめです。

実際に試してみる

実際に手を動かして試してみるとさらに理解が深まります。ただし、クラウドの世界は広く深いのですべての分野で手を動かすのは現実的ではありません。まずは業務上必要になりそうな部分だけでも手を動かして実際に試してみると理解度が上がります。その上で特に興味があるサービスや機能に絞って深く試していくのが効率的です。

自習と業務とのギャップを埋める

自習したことと業務とのミスマッチはよく起こります。業務では自習時に遭遇しなかったさまざまな事象が発生します。これは実環境では自習時の環境と比べてさまざまな条件が加わるからです。

たとえば自習時にはあまり気にしなかったセキュリティやパフォーマンスチューニングなどの設定を実環境では厳密に適用を行います。また、サーバースペック決めや可用性向上のための工夫、もしくは拡張性の確保なども実環境では重視されます。

ところで、ネット検索して書かれている内容をよく理解しないままとりあえず試してみたら偶然うまくいったことで安心するケースがたまに見られますが、それだと不十分なことはいうまでもありません。クラウドベンダーの公式ページをよく読み込むことが重要なことはもちろんのこと、きちんと理解するためには、ネットワークの知識やセキュリティの知識など、クラウドの範疇を超えてITインフラ領域の知識が求められる場合が多いです。

とはいえITインフラ領域は広く深いのであらゆる技術領域の基本を事前にすべて網羅的に学習しておくというアプローチは現実的でなく、業務上発生する事象について1つひとつ調べながら経験を積んでいくのが現実的です。ITエンジニアの世界は奥深いといえ、ベテランエンジニアであっても「自分なんてまだまだです」と謙虚なのはこういったケースが常に発生するからかもしれません。

COLUMN

クラウドの難しいところ

クラウドは直感的に理解しにくい用語が多くて覚えにくいという印象があります。もうちょっとわかりやすい言葉にすれば親切だったのにと思うような用語も多いです。クラウドベンダー各社で用語や概念が統一されていないのも学習しにくい要因の1つです。

各社クラウドサービスはあらゆるニーズに対応できるように年々機能が増え、かつどんどん複雑化しています。すべての機能を適時キャッチアップしていく余裕があればよいですが、ほとんどの人にとってそこまで余裕はないことでしょう。そこで自分で扱うことがなさそうな機能についてはあえて一切学ばないという割り切りも悪くないと思います。

さらにはクラウドサービスは変化が激しいともいえます。本に書かれている情報が古くて本の通りでは使えなかったということもよく起こります。

CHAPTER 03 クラウドの世界観

本章の概要

クラウドを理解するためにはクラウドの世界観を押さえることが重要となります。クラウドベンダー各社でクラウドの世界観に多少違いがありますが、ここでは一般的なクラウドの世界観を紹介します。

SECTION-15

クラウドのサービス群

クラウドにはさまざまなサービスが提供されています。ユーザーはいろいろなサービスを組み合わせて自分のサービスを作っていきます。

下図はAWSのサービス群の例ですが、他のクラウドベンダーもおおよそ似たようなサービス構成となっています。

●AWSのサービス群

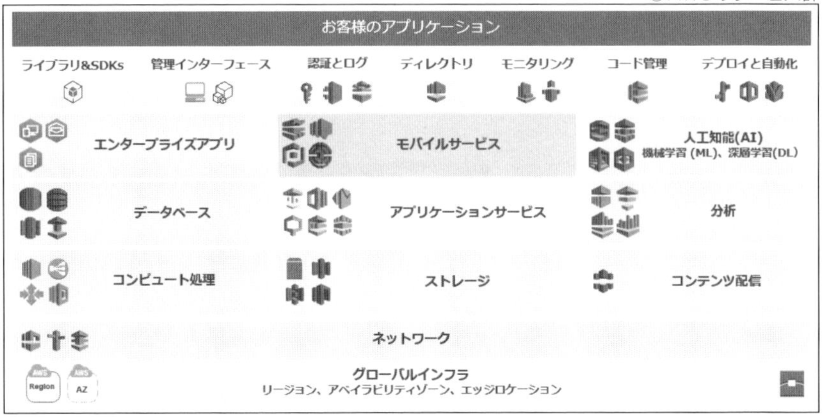

お客様のアプリケーション
ライブラリ&SDKs
管理インターフェース
認証とログ
ディレクトリ
モニタリング
コード管理
デプロイと自動化
エンタープライズアプリ
モバイルサービス
人工知能(AI)
機械学習(ML)、深層学習(DL)
データベース
アプリケーションサービス
分析
コンピュート処理
ストレージ
コンテンツ配信
ネットワーク
グローバルインフラ
リージョン、アベイラビリティゾーン、エッジロケーション
Region
AZ

※出典：https://aws.amazon.com/jp/s/dm/landing-page/start-your-free-trial-d/
（2022年8月9日現在）

COLUMN

マネージドサービスとは

クラウドサービスではマネージドサービスという言葉がよく用いられます。クラウドの世界におけるマネージドサービスという用語には厳密な定義はありませんが、狭義ではクラウドベンダーによって運用・管理されているので利用者側で特に運用・管理を行わなくてもよいクラウドサービスのことを指します。

こう説明すると「クラウドベンダーが提供しているサービスなのだからクラウドベンダーによって運用・管理するのは当たり前な話では?」と思われるかもしれません。おそらくオンプレミス環境ではインフラの運用・管理をすべて自前で行わなければならないということに対比する用語でないかと推測されます。

SECTION-16

リージョン/仮想ネットワーク/ゾーン/サブネット

ここではクラウドでネットワークを構成する際に必要となる「リージョン」「仮想ネットワーク」「ゾーン」「サブネット」の意味と関係性を説明します。

リージョン/仮想ネットワーク/ゾーン/サブネットの関係性

リージョンと仮想ネットワークとゾーンとサブネットの関係性は下図のようになります。

●リージョンと仮想ネットワークとゾーンとサブネットの関係性

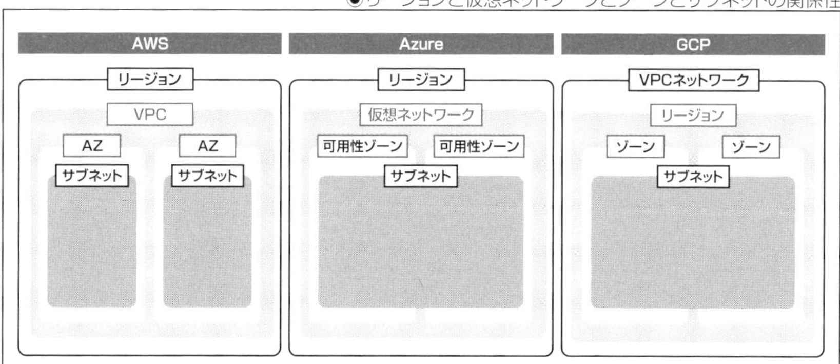

リージョン

リージョンとはクラウドベンダーがサービスを展開しているデータセンターがある地域のことを指します。

ユーザーは世界中に展開されているリージョンの中から使いたいリージョンを自由に選んで使うことができますが、物理的な距離が遠ければ遠いほどネットワーク的にレイテンシー（遅延）が発生して応答速度が遅くなります。よってサービスを展開するユーザーがいる地域に最も近いリージョンを選定することが一般的です。

ただし、リージョンごとに価格が異なります。特に日本国内のリージョンは他国より割高な傾向にあります。そこで実サービス用途では日本国内のリージョンを使いつつ、テスト用途やバッチ処理などのレイテンシーがあまり重要視されない用途ではあえて価格の安い海外リージョンを選択するという使い方もあります。

耐障害性を高める目的として、ディザスタリカバリ(Disaster Recovery:災害復旧)対策のために、たとえば東京リージョンと大阪リージョンなど複数のリージョンを組み合わせて冗長構成を組むといったこともよく行われています。

◉AWSのリージョン

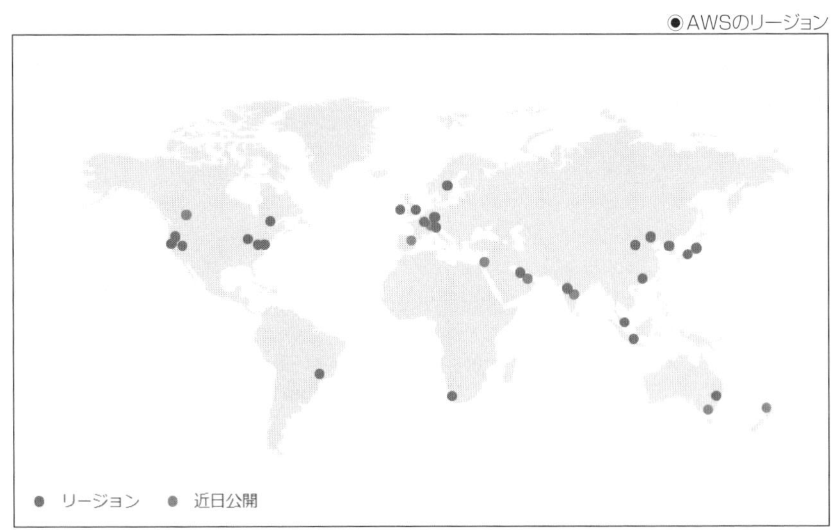

※出典:https://aws.amazon.com/jp/about-aws/global-infrastructure/

◉Azureのリージョン

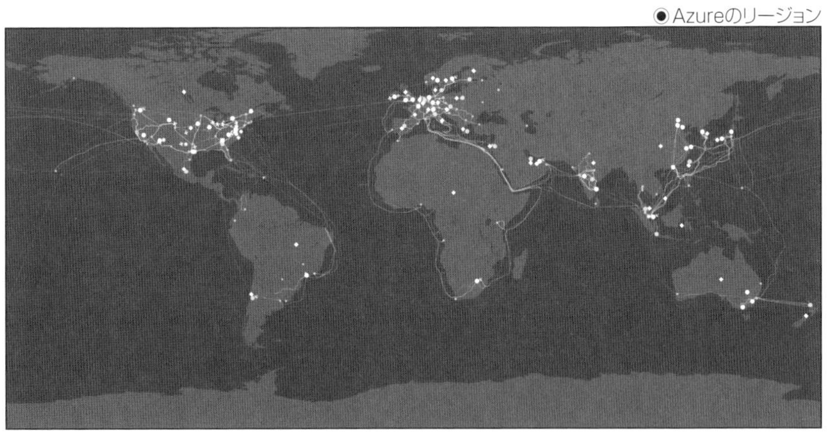

※出典:https://infrastructuremap.microsoft.com/explore

●GCPのリージョン

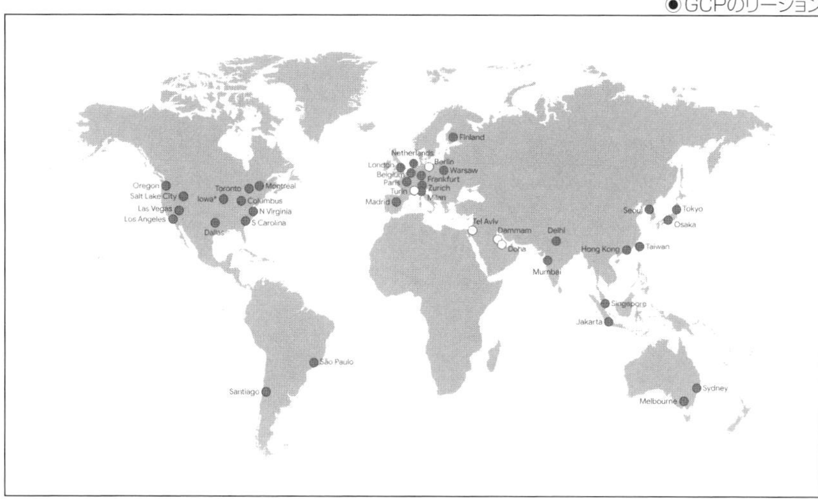

※出典：https://cloud.google.com/about/locations

仮想ネットワーク

仮想ネットワークとは仮想的に用意されるプライベートな論理ネットワーク空間のことです。

仮想ネットワークはクラウド内の他のネットワークから論理的に切り離された空間に生成されます。仮想ネットワークを作成した状態のままでは作成した仮想ネットワークから外部に対して通信することができませんが、仮想ネットワーク内にゲートウェイを設置することで他の仮想ネットワークやインターネットと通信を行うことができるようになります。

●仮想ネットワークとゲートウェイ設置の例

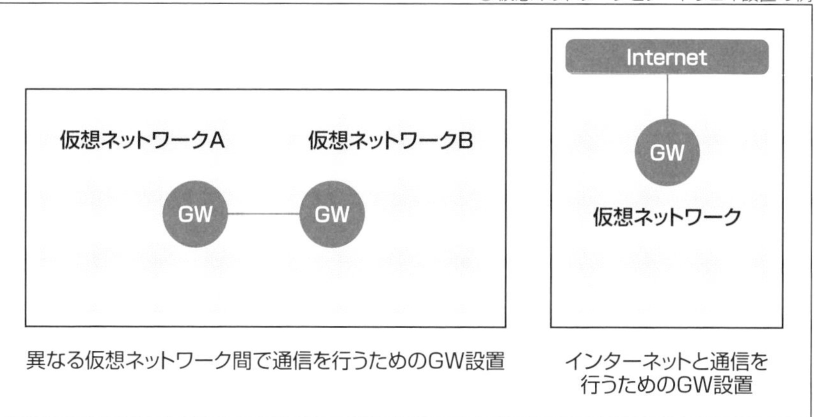

仮想ネットワークのことを、AWSではVPC(Virtual Private Cloud)、Azureでは仮想ネットワークもしくはVNet(Virtual Network)、GCPではVPCネットワークと呼びます。

ところで、AWSとAzureはリージョンの中に仮想ネットワークが作られるのに対して、GCPの仮想ネットワークはグローバルリソースとして仮想ネットワークの中に複数のリージョンを入れ込むことができます。

ゾーン

ゾーンとはリージョン内でのサーバーラック、ネットワーク、もしくは電源設備などの物理的なインフラの一まとまりの単位を指します。複数のゾーンを使うように設定すると、それぞれのゾーンが物理的に異なったところに配置されるようになります。

リソースを複数ゾーンに分散して配置するメリットとして、万が一、1つのゾーンに障害が起きて使えなくなったとしても、別のゾーンは生きているのでサービスが止まらずに済みます。このようにゾーンをうまく使うと耐障害性を向上させることができます。

ゾーンのことを、AWSではアベイラビリティーゾーンもしくはAZ(Availability Zone)、Azureでは可用性ゾーン、GCPではゾーンと呼びます。

●ゾーンの例

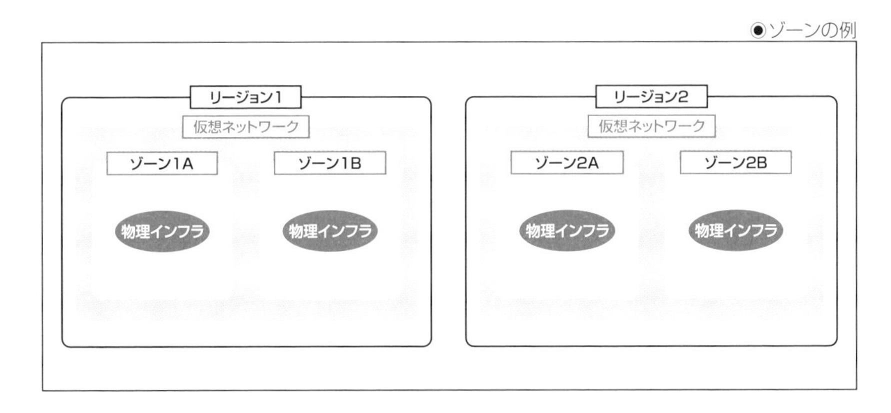

サブネット

ゾーン内に論理的なネットワーク空間としてサブネットを定義します。サブネットとは仮想ネットワーク内の小さなネットワークのことを指します。「10.0.10.0/24」のようにサブネットを設定することでIPアドレスの範囲を指定します。

このサブネットの仕組みはAWSとAzure/GCPとで若干異なり、ゾーンをまたいでサブネットを定義できるかできないかの違いがあります。AWSの場合はゾーンをまたいでサブネットを定義できませんが、AzureとGCPではゾーンをまたいだサブネットを定義できます。

●サブネットの例

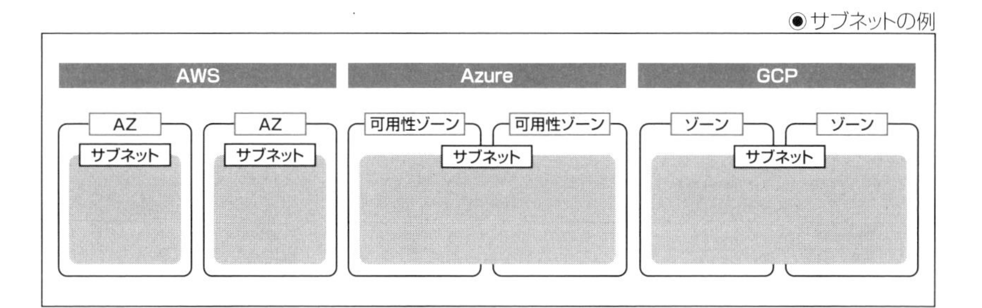

SECTION-17

ストレージ/データストア

データが保存される領域やサービスのことをストレージもしくはデータストアと呼びます。クラウドでは用途に応じたさまざまなストレージサービスがあります。

●各ストレージのイメージ

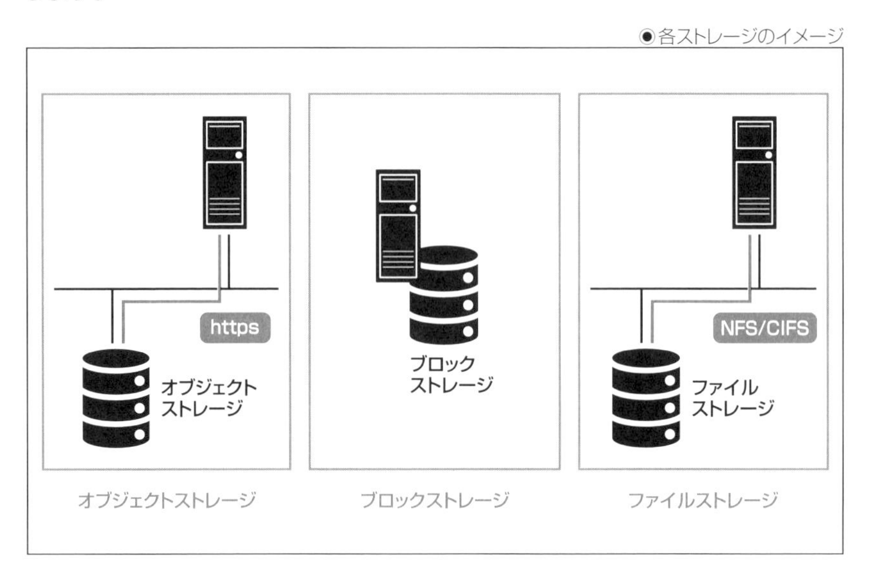

オブジェクトストレージ

オブジェクトストレージはHTTPSプロトコルでAPIコールすることでファイルの読み出しと書き込みを行います。Webシステムのバックエンドストレージとしての親和性が高いという特徴があります。

データはオブジェクト単位でストレージに書き込みます。オブジェクトはファイルのようにデータとメタデータで構成されています。ファイルもデータとメタデータで構成されているという点で似てますが、オブジェクトストレージのメタデータにはファイルのそれと違って、ディレクトリのような階層構造がないことやメタデータの内容がファイルよりも多く付加できるといった違いがあります。

ブロックストレージ

ブロックストレージはクラウド上でSSDやハードディスクを扱うようなイメージです。たとえば、ブロックストレージのボリュームを10GBのサイズで作成するというのは、SSDやハードディスク上で10GBのサイズのディスク領域を切り出したのと等しいイメージです。サーバーインスタンスからはそのボリュームがディスクボリュームとして認識されるので、それをマウントすることでOSのディスク領域として使います。

ブロックストレージではブロック単位でデータをストレージに書き込みます。ブロックとはSSDやハードディスクなどにデータが書き込まれる固定長の単位で、たとえば、1ブロックの固定長が4KBの場合はデータが4KBずつ分割されてディスクに書き込まれます。

ファイルストレージ

ファイルストレージはネットワーク上にあるファイルシステムにNFSもしくはCIFSプロトコルでマウントして使います。ファイルの保管用途でよく使われるNAS(Network Attached Storage)をクラウド上で使うイメージで、ファイルサーバーなどのように大量のファイルを保管する用途が一般的です。

ファイルストレージではファイル単位でデータをストレージに書き込みます。

アーカイブストレージ

アーカイブストレージはオブジェクトストレージの一種で、アクセス頻度が低く有効期間の長いデータがストレージに格納されます。ストレージ費用が最も低い一方、データを取り出す費用が高いことや、データを取り出す速度が非常に遅いという特徴があります。

◉クラウドにおけるストレージサービスの比較

サービス名	AWS	Azure	GCP
オブジェクトストレージ	S3 Standard	Blob Storage	Cloud Storage ・Standard Storage
ブロックストレージ	EBS(Elastic Block Store)	マネージドディスク	Compute Engine のディスク
ファイルストレージ	EFS(Elastic File System)	File Storage	Cloud Storage FUSE
アーカイブストレージ	S3 Standard-IA S3 Intelligent-Tiering S3 One Zone-IA S3 Glacier Flexible Retrieval S3 Glacier Deep Archive	Storageアーカイブアクセス層 Storageクール層	Cloud Storage ・Nearline Storage ・Coldline Storage ・Archive Storage

COLUMN

単なるストレージに留まらないクラウドのストレージサービス

本来、ストレージはデータを記録して保存するためのものです。しかし、クラウドのストレージサービスには単なるデータ保管庫に留まらない機能が搭載されています。

たとえば、オブジェクトストレージで提供されている静的Webサイトホスティング機能では、別途Webサーバーを用意することなくストレージ上にファイルを置くことでそのまま外部公開を行うことができます。

それ以外にも柔軟な権限設定、アクセスコントロール管理、ファイルのバージョン管理、ストレージクラス管理、イベント駆動などさまざまな機能が提供されています。

SECTION-18

クラウド管理Webコンソール

クラウド管理Webコンソールではクラウド関連のさまざまな操作をWeb画面上で行えます。クラウド管理Webコンソールはクラウドベンダー各社で名称や操作方法が大きく異なります。

AWSマネジメントコンソール

AWSの場合はAWSマネジメントコンソールを使います。AWSマネジメントコンソールではリージョンを切り替えながら使うという特徴があります。

●AWSマネジメントコンソール

Azure Portal

Azureの場合はAzure Portalを使います。Azure Portalではサブスクリプションと呼ばれる課金単位を切り替えながら使うという特徴があります。

● Azure Portal

Google Cloud Console

GCPの場合はGoogle Cloud Consoleを使います。Google Cloud Consoleでは、プロジェクトを切り替えながら使うという特徴があります。

● Google Cloud Console

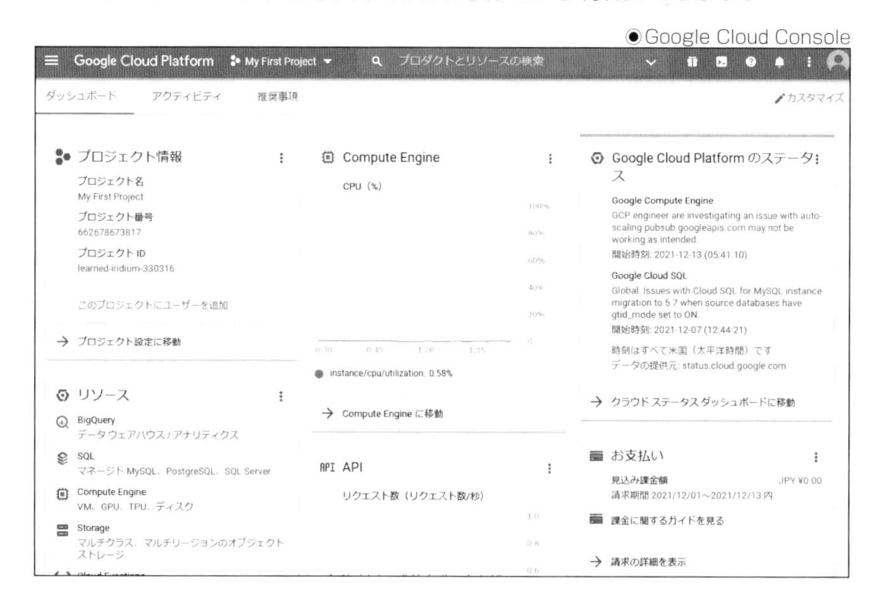

SECTION-19

ハイブリッドクラウドとマルチクラウド

最近ではハイブリッドクラウドやマルチクラウドといった環境も広まっています。それぞれの概要を説明します。

ハイブリッドクラウド

クラウド環境とオンプレミス環境をつなげて使う使い方をハイブリッドクラウドと呼びます。

クラウドの利点とオンプレミスの利点とを組み合わせて使うことを目的とすることもあれば、元々オンプレミスでインフラを運営していた会社が徐々にクラウド移行をする過程において両方の環境が混在するといった場合もあります。

ハイブリッドクラウド環境を構築する際はオンプレミス環境とクラウド環境とを専用線で接続します。この専用線のことをAWSではDirect Connect、AzureではExpressRoute、そしてGCPではDedicated Interconnectと呼びます。

クラウドを利用する際の課題としてよく挙げられるのは機密情報を扱う場合です。パブリッククラウドサービスはどうしてもクラウドベンダーのサーバー上にデータが置かれることになるため、クラウドベンダー側でのデータ管理上のミスや、インターネットを介してデータをやり取りする過程で機密情報が流出するかもしれないというリスクがあります。

●ハイブリッドクラウドの例

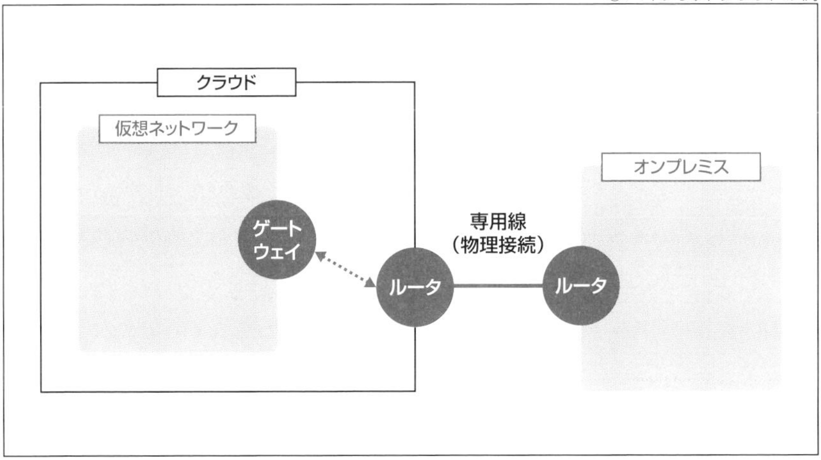

クラウド
仮想ネットワーク
ゲートウェイ
ルータ
専用線（物理接続）
ルータ
オンプレミス

マルチクラウド

複数のクラウドを組み合わせて使う使い方をマルチクラウドと呼びます。

可用性向上のため、複数のクラウドベンダーのクラウド上に同じ構成を展開することで、どちらか一方のクラウドサービスで大きな障害が起きて使えなくなってもサービスが止まらない冗長構成にするという使い方があります。高可用性を謳っているクラウドサービスでそんなことが起きるはずはないと思われるかもしれませんが、クラウドの大規模障害は過去に何度も発生しています。

もしくは、特定のクラウドベンダーにしかないサービスメニューを使いたいために部分的に別のクラウドベンダーを使うという使い方があります。各クラウドベンダーで提供されているサービスメニューは完全に同じではありません。

マルチクラウド構成については、CHAPTER-11「マルチクラウド構成」でも紹介しています。

●マルチクラウドの例

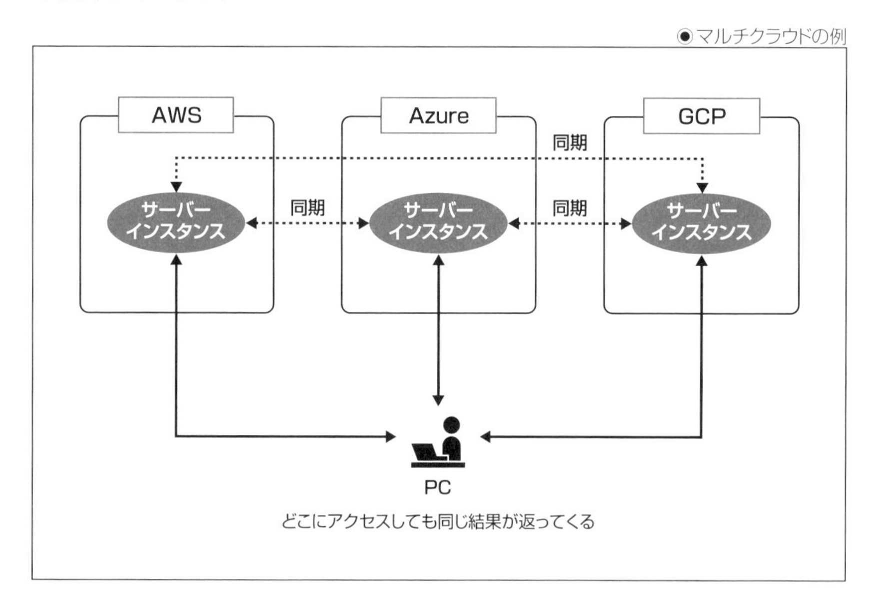

CHAPTER 04

クラウドのユーザー管理と権限設定

本章の概要

クラウドのユーザー管理と権限設定はクラウドを扱っていく上で特に重要なものの1つです。AWS、Azure、GCPのそれぞれで仕組みが異なるため、本章では権限設定の一般的なことを説明しながら、各クラウドでのユーザー管理や権限設定の仕組みについて説明していきます。

SECTION-20

ユーザー管理と権限設定の基礎知識

まずはユーザー管理や権限設定に関する用語や基本的な考え方を押さえておきましょう。

アカウントとユーザーの違い

紛らわしい用語に「アカウント」と「ユーザー」があります。

一般的にITの世界でのアカウントとはサインインIDとパスワードを伴ったネットワークやコンピューターやサイトなどにサインインするための、IDなどの一意のエンティティ(実体)を指します。それに対してユーザーとは単に利用者のことを指すことが多いです。

一方、クラウドの世界においては、アカウントといえばサインインアカウントとしての意味合いに加えて課金が行われる対象となる請求対象アカウントのことを指すことも多いです。それに対してユーザーはクラウドの世界でも単に利用者のことを指すことが多いです。

認証と認可の違い

権限設定の理解を深めるためには、「認証(Authentication)」と「認可(Authorization)」の違いをよく認識しておく必要があります。

認証とは自分が本人であることを証明するプロセスです。たとえば、山田太郎さんが「yamada@example.com」というサインインIDとパスワードでサインインすると、クラウド側では「山田太郎さん」がサインインしてきたと識別されるようなイメージです。

それに対して認可とは、認証された当事者に対してアクセス許可やアクセス制限を行うプロセスです。たとえばクラウド上の機能の利用や特定プロジェクトへのアクセスを許可するなどが該当します。

◉認可と認証の違い

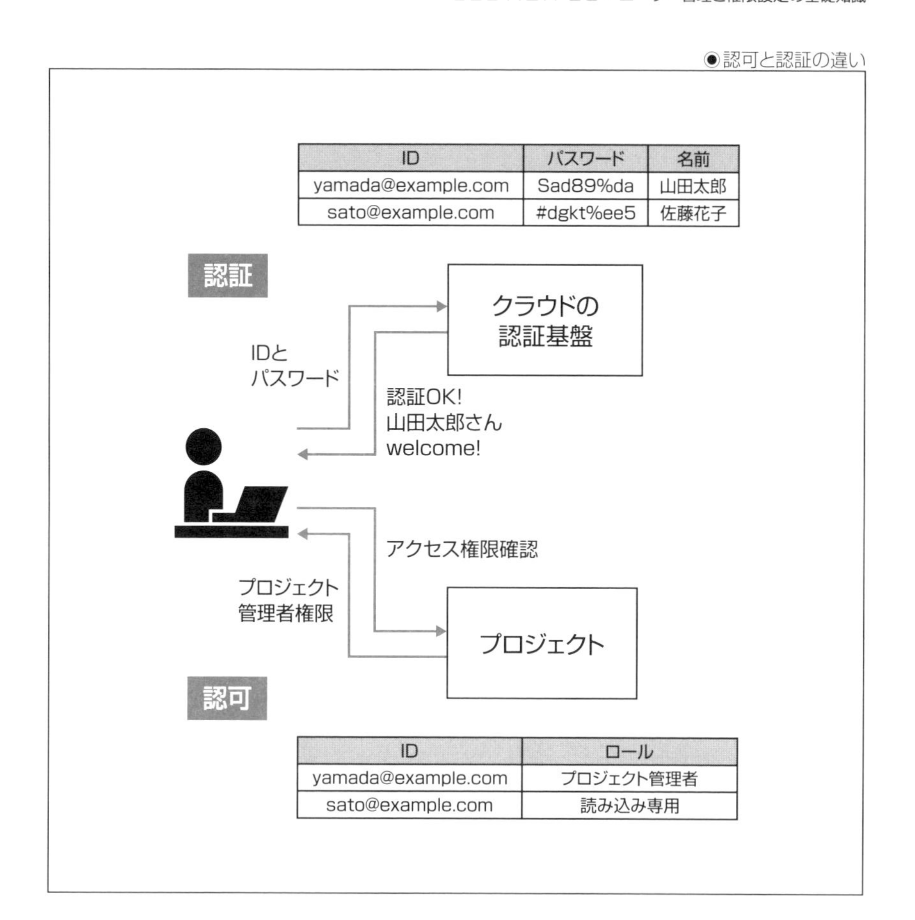

ID	パスワード	名前
yamada@example.com	Sad89%da	山田太郎
sato@example.com	#dgkt%ee5	佐藤花子

ID	ロール
yamada@example.com	プロジェクト管理者
sato@example.com	読み込み専用

クラウドの一般ユーザーと管理者

世の中に出回っている多くのシンプルなITシステムでは単に一般ユーザーと管理者ユーザーだけが存在し、一般ユーザーが行わないすべてのこと(たとえば、ユーザー管理、プロジェクト生成、課金管理など)を管理者が行うようになっています。

それに対してクラウドではさまざまな役割の管理者がいるという考え方のもと、ユーザーにロール(役割)を適用することで、結果的にさまざまな役割の管理者ロールを持ったユーザーが存在するという仕組みとなっています。

主だったクラウドの管理者となるロールには次のようなものが挙げられます。ただし、各クラウドで名称が多少異なります。

- 全体の管理者
- 管理者も含めてすべてのユーザーを作れる管理者
- 管理者以外のユーザーを作れる管理者
- 課金担当者、もしくは請求担当者
- プロジェクトの管理者、もしくはサブスクリプションの管理者

◉クラウドの一般ユーザーと管理者ロールを持ったユーザー

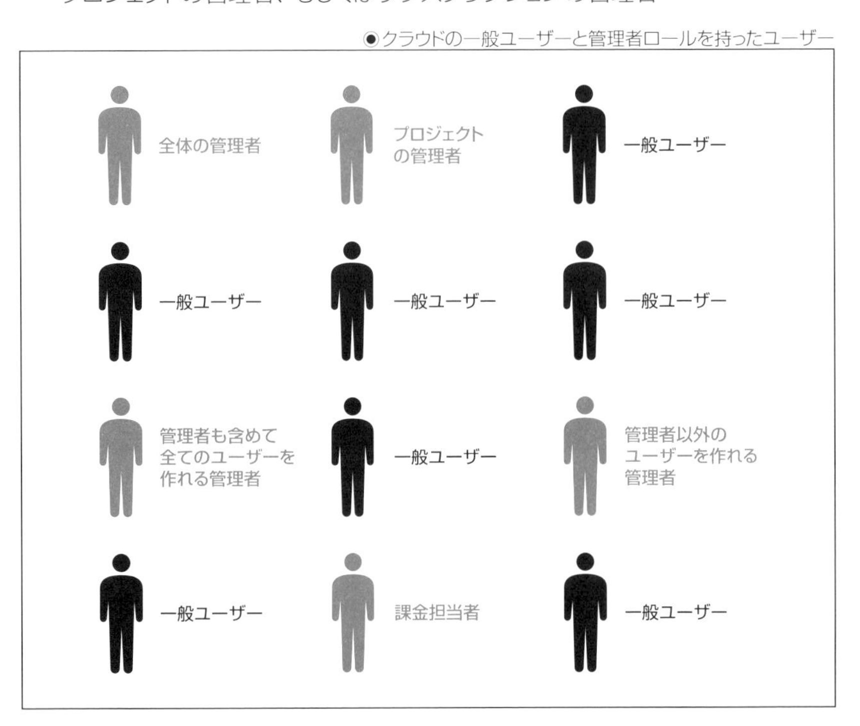

ポリシーとロール

権限設定を行う対象に対して、クラウドでは「ポリシーを適用する(アタッチする)」もしくは「ロールを付与する」という表現がなされる場合が多いです。

ポリシーとはアクセス制限などの権限設定のルールを指します。

ロールには、全体の管理者や課金管理者などといった特定の役割を指す場合と複数のポリシーを束ねてまとめたポリシーの集合体を指す場合があります。

IAM

IAM(Identity and Access Management)ではユーザーのサインイン可否を管理するとともに、各ユーザーに対してアクセス権限の割り当てを行います。IAMは認証と認可のいずれの管理も兼ねている重要な機能の1つです。

権限設定の基本的な考え方

権限設定の基本的な考え方は、次の4つのことを盛り込んだルールを必要なすべての箇所に対して定義していくことです。

- 誰に(もしくはどのリソースやサービスに)
- どのリソースに対して
- どんな操作を
- 許可するか許可しないか

ただ、実際に権限設定のルールを1つひとつ細かく設定していこうとするとルール数が数十から数千行以上と、とても多くなりがちで、設定の手間もかかります。そのような理由で各クラウドではこの権限設定を極力少ない手順で行えるように、さまざまなやり方が用意されています。

AWSのユーザー管理と権限設定

ここでは、AWSにおけるユーザー管理と権限設定について説明します。

AWSのアカウントとユーザーの種類

AWSでアカウントといえば一般的に「AWSアカウント」のことを指し、請求単位ごとに1つ作ります。

また、AWSアカウントには「ルートユーザー」としての機能を持ち合わせていてあらゆる操作ができます。ルートユーザーはルート権限でしかできない作業以外には使用しないことが推奨されています。通常の作業はルートユーザーではなく、適切に振り出されたIAMユーザーを使用します

一方、AWSでユーザーといえば一般的に「IAMユーザー」のことを指します。利用者を追加する場合はIAMユーザーを追加していくことになります。IAMユーザーを追加した後はIAMポリシーを適用することで権限が付与されて各種アクセスが可能となります。

下記にAWSアカウント、IAM管理者ユーザー、IAMユーザーの違いや特徴を記します。

●AWSのユーザー管理と権限設定のイメージ

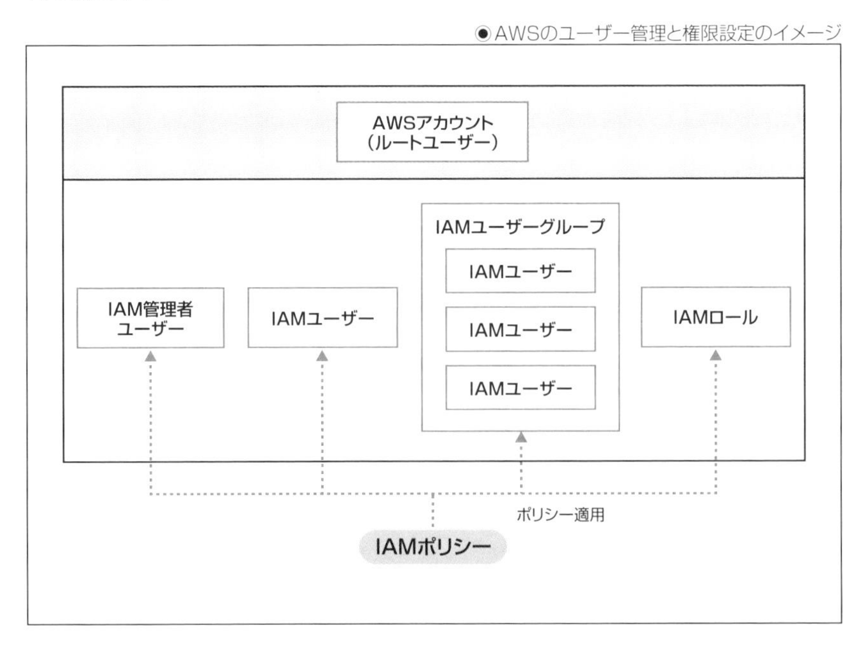

◆ AWSアカウント

AWSアカウントの特徴は次の通りです。

- 請求単位ごとにアカウントは1つだけ。
- あらゆる操作ができるルートユーザーも兼ねる。
- IAM管理者ユーザーやIAMユーザーを管理（生成や削除など）する。
- ユーザーサポートのプラン変更はルートユーザーだけが行える。
- 請求関係などの操作はルートユーザーで行う。IAM管理者ユーザーでは行えない。
- 初期設定後はやむを得ず必要なとき以外は使わない。

◆ IAM管理者ユーザー

IAM管理者ユーザーの特徴は次の通りです。

- ルートユーザーの代わりに管理者として使う。
- IAMユーザーにAdministratorAccessポリシーと呼ばれるフルアクセスが許可される権限が付与されると、IAM管理者ユーザーに昇格する。権限付与はAWSアカウントが行う。
  （なお、いわゆるIAMを管理するための権限が必要なのであれば代わりにIAMFullAccessポリシーを付与する）
- IAMユーザーを管理（生成や削除など）する。

◆ IAMユーザー

IAMユーザーの特徴は次の通りです。

- 個人もしくはサービスごとに生成する。
- マネジメントコンソールの利用を行う。
- AWSコマンドラインインターフェイス（AWS CLI）の実行を行う。AWS CLIとは、AWSのサービスを管理するための統合ツールのことで、コマンドラインからAWSサービスに接続できる。

●AWS CLIの実行例

```
$ aws ec2 start-instances --instance-ids i-1348636c
```

◆ IAMユーザーグループ

IAMユーザーの特徴は次の通りです。

- IAMユーザーを束ねる。
- IAMポリシーを一括で付与することができる。

IAMポリシーの設定

IAMポリシーではアクセス許可やアクセス制限を定義します。それをIAMユーザー、IAMユーザーグループ、もしくはIAMロールに適用することで認可(Authorization)の設定が行えます。

よく使われるIAMポリシーのパターンがAWS上にあらかじめマネジメントポリシーとして用意されているので、それを利用することも可能です。

IAMポリシーは「(AWSの)どのリソースに対して」「どんな操作を」「許可するか許可しないか」を定義します。ここでは「誰に」という定義が含まれていない点に注意してください。

「誰に」に相当する、IAMポリシーを適用できる対象は3つあります。

- IAMユーザー(IAM管理ユーザーも含む)
- IAMユーザーグループ
- IAMロール

IAMユーザー(IAM管理ユーザーも含む)では、ポリシーを付与する対象がユーザーとなります。

IAMユーザーグループはIAMユーザーが束ねられたものです。IAMユーザー個別にIAMポリシーを適用せずとも、IAMユーザーグループに属しているIAMユーザーすべてにIAMポリシーを適用させることができます。

IAMロールは、主にAmazon EC2やAWS LambdaなどのAWSリソースにポリシーを付与します。このメリットは、AWSの内部でIAMロールとAWSリソースとを直接紐づけるため、IAMユーザーと違って認証情報の管理が不要になるという点が挙げられます[1]。

スイッチロール

AWSアカウントが複数ある環境の場合、別の環境に移動するたびにサインインし直すのは不便です。たとえば、開発環境と本番環境とでアカウントを分けて使っているといったケースはよくあると思います。

このような場合のためにAWSではスイッチロールと呼ばれる、複数環境で作業する際に別のユーザーでサインインし直すことなくロールの切り替えを行う機能が用意されています。

---

[1]：IAMロールはAWSリソースだけでなく、IAMユーザーやSAML2.0フェデレーション認証された外部アカウントなどにも紐づけが可能です。

スイッチロールはスイッチ先にロールを作成した後、スイッチ元にて「ロールの切り替え」画面からロールを切り替えることができます。

◆スイッチ先での操作

スイッチ先でスイッチロールを作成する際は、おおよそ次の手順で行います。

1. IAMで[ロールの作成]ボタンをクリックする。
2. 「信頼されたエンティティを選択」では「AWSアカウント」を選択し、かつスイッチ元のAWSアカウントをAWSアカウントIDで指定する。
3. スイッチロール時に許可するポリシーを選択する。例では「Administrator Access」を選択している。
4. ロール名をつける。

◉スイッチ先でのスイッチロール設定その1

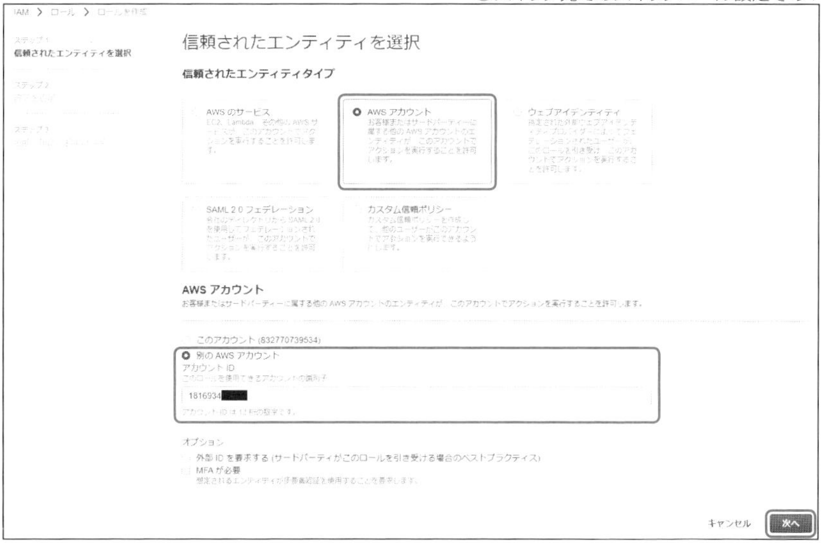

IAM > ロール > ロールを作成

信頼されたエンティティを選択

信頼されたエンティティを選択

信頼されたエンティティタイプ

AWS のサービス

AWS アカウント

お客様またはサードパーティーに属する他の AWS アカウントのエンティティが、このアカウントでアクションを実行することを許可します。

ウェブアイデンティティ

SAML 2.0 フェデレーション

カスタム信頼ポリシー

AWS アカウント

お客様またはサードパーティーに属する他の AWS アカウントのエンティティが、このアカウントでアクションを実行することを許可します。

このアカウント (832770739534)

別の AWS アカウント

アカウント ID

1816934

オプション

外部 ID を要求する (サードパーティがこのロールを引き受ける場合のベストプラクティス)

MFA が必要

キャンセル　次へ

●スイッチ先でのスイッチロール設定その2

●スイッチ先でのスイッチロール設定その3

IAM > ロール > ロールを作成

ステップ 1
信頼されたエンティティを選択

ステップ 2
許可を追加

ステップ 3
名前、確認、および作成

名前、確認、および作成

ロールの詳細

ロール名
このロールを識別するためのわかりやすい名前を入力します。
TestSwitchRole
最大 64 文字です。英数字と '+=,.@-_' の文字を使用してください。

説明
このロールの簡単な説明を追加します。

最大 1000 文字です。英数字と '+=,.@-_' の文字を使用してください。

ステップ 1: 信頼されたエンティティを選択する　　編集

```
1 {
2     "Version": "2012-10-17",
3     "Statement": [
4         {
5             "Effect": "Allow",
6             "Action": "sts:AssumeRole",
7             "Principal": {
8                 "AWS": "651609498279"
9             },
10            "Condition": {}
11        }
12    ]
13 }
```

04 クラウドのユーザー管理と権限設定

◆スイッチ元での操作

スイッチ元では最初に下記の操作を行います。2回目以降は履歴のクリックでロールの切り替えをすることもできます。

1. IAMユーザーでサインインする[2]。
2. AWSマネジメントコンソールにて、画面右上のユーザー名をクリックする。
3. [ロールの切り替え]ボタンをクリックする。
4. 次の内容を入力し、[ロールの切り替え]ボタンをクリックする。

項目	設定内容
アカウント	スイッチロール先のAWSアカウントID
ロール	先ほど作成したロール名
表示名と色	任意の名前と色

●スイッチ元でのロールの切り替えの例

ロールの切り替え

単一ユーザー ID とパスワードを使用している Amazon Web Services アカウント全体にわたって、リソースの管理を許可します。Amazon Web Services 管理者がロールを設定してアカウントとロールの詳細が提供されると、ロールを切り替えることができるようになります。詳細はこちら。

1 つ以上のフィールドに無効な情報があります。情報を確認するか、管理者に連絡してください。

アカウント* 83277073xxxx

ロール* TestSwitchRole

表示名 DevEnv

色 a a a a a a

*必須 キャンセル ロールの切り替え

ロールの切り替えに失敗する場合は、スイッチ元のAWSアカウントにあるIAMユーザーに、スイッチ先のAWSアカウントのIAMロールを引き受ける権限(AssumeRole)が不足している可能性があります。その場合はこの権限が含まれる既存のポリシーを適用するか、もしくは下記のポリシーを適用します。

```
{
    "Version": "2012-10-17",
    "Statement": {
        "Effect": "Allow",
        "Action": "sts:AssumeRole",
          "Resource": "arn:aws:iam::<スイッチ先のAWSアカウントID>:role/<先ほどスイッチ先で作成したロール名>"
    }
}
```

[2]：AWSアカウントのルートユーザーではスイッチロールができないという決まりがあります。IAMユーザーとしてサインインしているときのみロールを切り替えることができます。

AWS OrganizationsによるAWSアカウントの組織単位での管理

AWSでは用途ごとにAWSアカウントを分けて使う場合が多いです。しかし、AWSアカウントが増えれば増えるほど管理が大変になっていきます。そこでAWSには「AWS Organizations」と呼ばれる複数のAWSアカウントを束ねて管理できる機能が提供されています。

AWS OrganizationsではOU(Organization Unit:組織単位)を生成し、OU内でAWSアカウントを束ね、そこに請求や共通ポリシーを適用します。OUは階層構造にもできます。

●AWS Organizationsのイメージ

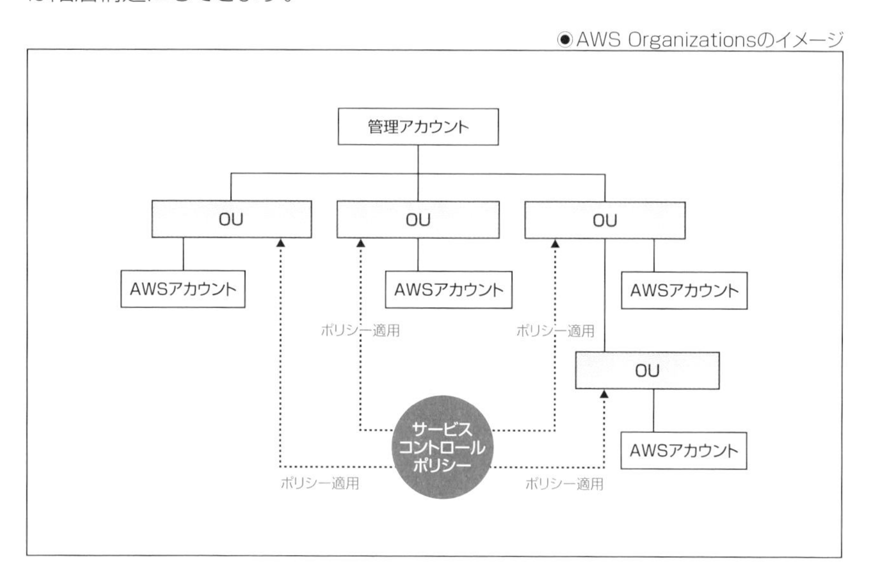

AWS Organizationsを使用すると、次のことができるようになります。

- AWSアカウントごとに発行される請求書の管理を一元化し、一括請求されるようにできる。
- 複数AWSアカウントに共通のポリシーを適用できる。
- ボリュームディスカウントやリザーブドインスタンスを複数のAWSアカウントに適用することで費用削減ができる。

下記にAWS Organizationsの管理アカウントとメンバーアカウントについて記します。

◆ AWS Organizationsでの管理アカウント

AWS Organizationsでの管理アカウントの特徴は次の通りです。

- AWS Organizationsを使う場合に用いられる管理用のAWSアカウント。
- 管理アカウントはAWS Organizations内に1つだけ。
- AWS Organizations内で発生するすべての請求が管理アカウントに対して行われる。
- AWS Organizations内でOU(Organization Unit)と呼ばれる組織を複数作成することができる。
- 各OUに対してSCPと呼ばれるサービスコントロールポリシーを適用することができる。サービスコントロールポリシーとは組織のアクセス許可の管理に使用できる組織ポリシーの一種である。

◆ AWS Organizationsでのメンバーアカウント

AWS Organizationsでのメンバーアカウントの特徴は次の通りです。

- 組織に属するメンバーとなるAWSアカウント。
- 組織内にメンバーアカウントを作成することができる。このときデフォルトで「OrganizationAccountAccessRole」という名前のIAMロールが自動的に作成される[3]。
- すでに存在するAWSアカウントを招待することもできる。ただし、この場合、「OrganizationAccountAccessRole」IAMロールが自動的に付与されないので、必要に応じて手動で付与を行う必要がある。

[3]：管理アカウントは、このIAMロールを使用してメンバーアカウントのリソースにアクセスします。

Azureのユーザー管理と権限設定

ここでは、Azureにおけるユーザー管理と権限設定について説明します。

Azureの構造

Azureのユーザー管理と権限設定をよりよく理解するために、まずはAzureの構造を押さえます。

- テナント
  - Azure ADを中心に複数のサブスクリプションが置かれたグループのこと。
- Azure AD
  - クラウドベースのIDおよびアクセス管理のサービス。テナントの中にAzure ADが1つだけ存在している。
- ドメイン
  - Azure ADの管理単位。初期ドメインは「<domainname>.onmicrosoft.com」の形式だが、カスタムドメインとして、たとえば「example.com」のように自由な形式で使うこともできる。
- サブスクリプション
  - テナント内に複数置くことができる課金単位。サブスクリプションの中にはユーザーやアプリなどのオブジェクトが置かれている。
- IAM
  - サブスクリプションごとに置かれた、サブスクリプション内のユーザーのロールを管理することのできるサービス。

●Azureの構造

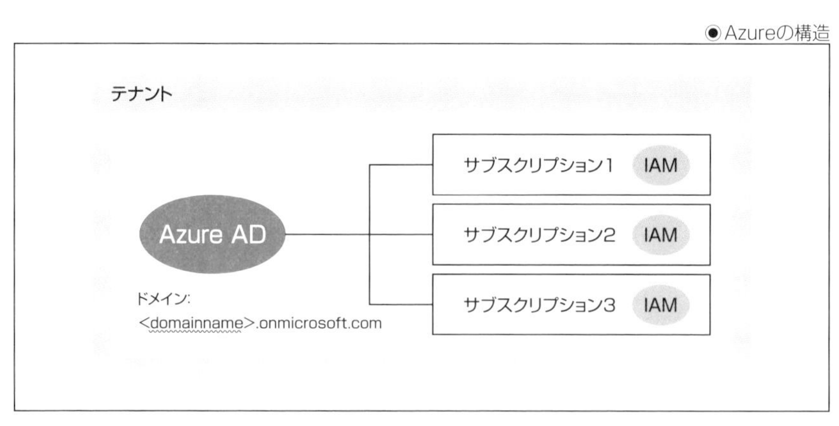

Azureでのユーザー管理

Azureでは、Azureを利用するユーザーを「Azure AD(Active Directory)」に登録して管理します。

Azureでのロールの設定

Azureではユーザーにロールを付与することでさまざまな管理者になります。

Azureではロールを「Azure AD」と「IAM」の2カ所で設定します。Azure ADはAzureテナント全体に関わるロールをユーザーに付与するのに対し、IAMではサブスクリプション内でのロールをユーザーに付与します。

ロールにはAzureにあらかじめ用意されている組み込みロールから選ぶ方法と、自分でカスタムロールを作って適用する方法があります。ただし、Azure ADでのカスタムロールの利用には「Azure AD Premium P1 ライセンス」以上のライセンスが必要となります。

ロールを通してユーザーのアクセスを管理する仕組みのことをRBAC(Role Based Access Control)と呼びます。

◉従来のサブスクリプション管理者ロール、Azureロール、およびAzure ADロールの関連

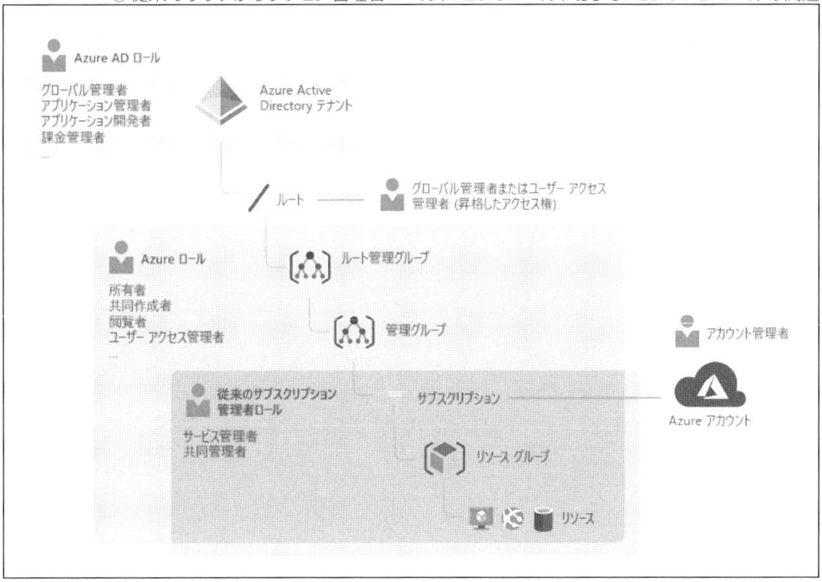

※出典：https://docs.microsoft.com/ja-jp/azure/role-based-access-control/rbac-and-directory-admin-roles

◆Azure AD

Azure ADとは、Azureテナント上でIDおよびアクセスを管理するサービスです。Azure ADを用いることで、Azureを利用するユーザーを管理するとともに、ユーザーにロールを付与することでさまざまな管理者に任命することができます。

Azure ADで設定されるロールのことを「Azure ADロール」と呼びます。Azure ADロールには、グローバル管理者、アプリケーション管理者、アプリケーション開発者、ユーザー管理者など、80個前後の組み込みロールがあります。

一番最初にAzureでアカウントを生成すると、グローバル管理者のロールが付与された状態でAzure ADにユーザー登録されます。

●Azure ADロールの割り当て

Azure ADはAzureテナントごとに独立しています。もし複数のAzureテナントを用いている環境の場合は、各々のAzure ADでユーザーの登録が必要となります。

◆IAM

IAMとは、サブスクリプション内でのユーザーに対するロールを管理することのできるサービスです。

IAMで設定されるロールのことを「Azureロール」と呼びます。Azureロールには、320個前後の組み込みロールが存在しますが、基本的なロールは、所有者、共同作成者、閲覧者、およびユーザーアクセス管理者という4つです。

IAMに登録されていないユーザーは、Azureポータル内でサブスクリプションの存在自体が見えない状態となります。IAMに登録するためには何かしらのロールの付与が必須なため、結果的にIAMに登録されているユーザーには全員何らかのロールが付与されていることになります。

IAMは各サブスクリプションごとに存在しています。もし複数のサブスクリプションを用いている環境の場合は、各々のサブスクリプション内のIAMでロールの付与が必要となります。

●IAMでのAzureロールの割り当て

「従来のサブスクリプション管理者」ロール

本文で、Azure ADで設定する「Azure ADロール」と、IAMで設定する「Azureロール」という2種類のロールを紹介しました。

実はAzureにはもう1つ「従来のサブスクリプション管理者」ロールが存在します。Azureが最初にリリースされたとき、リソースへのアクセスはアカウント管理者、サービス管理者、および共同管理者という3つの管理者ロールで管理されていました。それが今も「従来のサブスクリプション管理者」ロールとして残っています。

Azureでアカウントがサインアップに使用されると、そのアカウントが自動的にアカウント管理者とサービス管理者の両方として設定されます。その後、必要に応じて共同管理者を追加できます。サービス管理者および共同管理者はAzureロールである所有者ロールが割り当てられているユーザーと同等のアクセス権を持ちます。

Azure ADでのアカウントとユーザーの種類

Azureではサインイン IDとパスワードが組み合わさったエンティティ(実体)をアカウントと呼びます。アカウントが生成されるとそのアカウントはAzure AD上にユーザーとして登録されます。

◆ グローバル管理者ロールを持つAzure ADユーザー

グローバル管理者ロールを持つAzure ADユーザーの特徴は次の通りです。

- Azure ADの管理者。
- Azure AD上でグローバル管理者ロールを持つユーザーはAzure上であらゆる操作ができる。
- 初期設定後はやむを得ず必要なとき以外は使わない。

◆ アカウント管理者

アカウント管理者の特徴は次の通りです。

- Azureポータルでアカウント内のすべてのサブスクリプションの課金を管理できる。
- サブスクリプションを管理(生成や取り消し)する。
- サービス管理者を管理(変更や取り消しなど)する。

◆ サービス管理者

サービス管理者の特徴は次の通りです。

- Azureポータルでサービスを管理する。
- サブスクリプションの取り消しができる。
- 共同管理者ロールにユーザーを割り当てることができる。
- サービス管理者は、Azureロールである所有者ロールを割り当てられているユーザーと同等のアクセス権を持つ。
- サービス管理者には、Azureポータルへのフルアクセス権が与えられる。
- 新しいサブスクリプションのアカウント管理者はサービス管理者でもある。

◆ 共同管理者

共同管理者の特徴は次の通りです。

- サービス管理者と同じアクセス権を持っているものの、サブスクリプションとAzureディレクトリとの関連付けを変更することはできない。
- 共同管理者ロールにユーザーを割り当てることができる。ただし、サービス管理者を変更することはできない。

◆ ユーザー

ユーザーの特徴は次の通りです。

- 利用者単位。
- ユーザーはサービス管理者、もしくは共同管理者によって作成される。

課金情報を表示するためのロール付与

Azureでは各々のサブスクリプションごとに課金担当者を設定します。Azureでは課金担当者のことをアカウント管理者と呼びます。

アカウント管理者はサブスクリプション内のユーザーに対して下記のいずれかのロールを割り当てることによって、他のユーザーにAzure課金情報へのアクセス権を付与することができます。

- サービス管理者(従来のサブスクリプション管理者ロール)
- 共同管理者(従来のサブスクリプション管理者ロール)
- 所有者(IAMでのAzureロール)
- 共同作成者(IAMでのAzureロール)
- 閲覧者(IAMでのAzureロール)
- 課金者とデータアクセス(IAMでのAzureロール)

GCPのユーザー管理と権限設定

ここでは、GCPにおけるユーザー管理と権限設定について説明します。

組織なしと組織ありの違い

GCPではまず最初に「組織なし」と「組織あり」の違いについて押さえます。

組織なしは個人での利用などが想定され、アカウントには個人のGmailメールアドレスなどを利用します。複数のプロジェクトを生成して同じユーザーをそれぞれに追加する場合、組織なしでは各プロジェクトのIAMごとにそれぞれユーザー登録が必要となります。

一方、組織ありは法人などの組織での利用が想定され、アカウントには組織のドメイン名が含まれたメールアドレスを利用します。組織ありではGoogle IdentityもしくはGoogle Workspaceにユーザー登録を行っておくと、各プロジェクトのIAMでそのユーザーを招待することでIAMに追加できるようになります。

このように法人などの組織では「組織あり」での利用が一般的ですが、ちょっとした検証用途での利用や小規模での利用の場合では、あえて「組織なし」で利用するケースも多いと思われます。

●Googleアカウントの分類

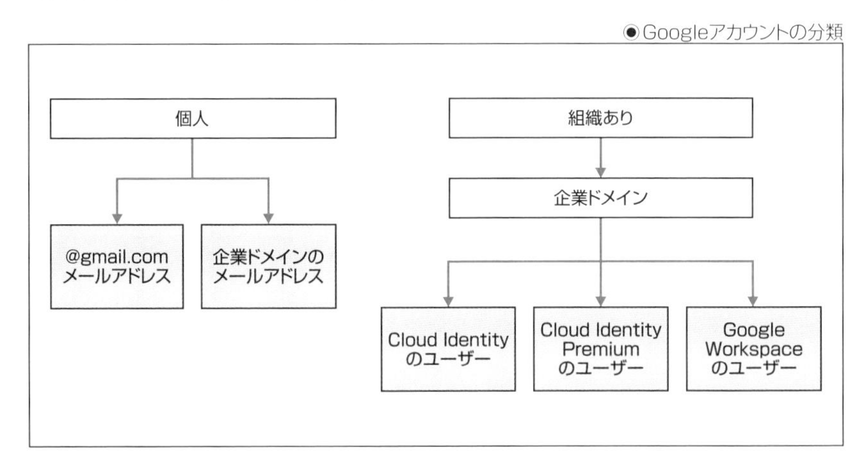

組織ありの初期設定方法

GCPで最初にアカウントを生成すると、組織なしの状態でアカウントが作られます。その後必要に応じて組織を設定して組織ありの状態とすることができます。GCPで組織を設定するためには下記の手順が必要となります。

❶ 現在Google Workspace[4]を使っているか、現在Cloud Identityを使っているか、もしくは新規でCloud Identityを使うかのいずれかを選択する。
❷ 組織のドメイン名を入力する(例:example.com)。
❸ そのドメイン名のTXTレコードにGoogleが指定する内容を登録する。

組織が作られると、プロジェクト選択画面において、ビルのようなアイコンがついた組織プロジェクトが現れるようになります。

●プロジェクト選択画面における組織プロジェクト

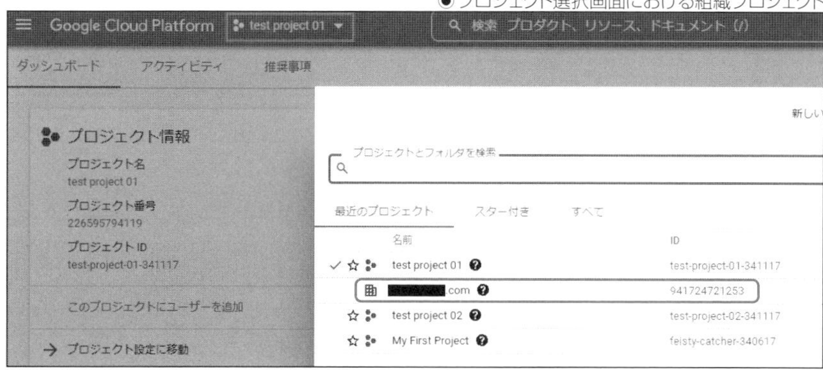

GCPでのロールの設定

GCPでは、ユーザーに対してロールを付与することでさまざまな管理者になります。

組織なしの場合、各プロジェクト内のIAMでプロジェクト内でのロールをユーザーに付与します。

一方、組織ありの場合、ロールを「組織のIAM」と「各プロジェクト内のIAM」の2カ所で設定します。組織のIAMでは、GCPアカウント全体に関わる、たとえば組織の管理者、プロジェクトの作成者、もしくは請求先アカウントの作成者などといったロールをユーザーに付与します。

[4]：Google Workspaceは、Googleが提供しているグループウェアツール、およびソフトウェアのスイートのこと。法人向けのGmail、Googleドライブ、Googleカレンダーなどの機能が含まれている。

ロールを付与する方法には、基本ロールから選ぶ方法、事前定義ロールから選ぶ方法、もしくは自分でカスタムロールを作って適用する方法の3つがあります。

基本ロールには「オーナー」「閲覧者」「参照者」「編集者」という4つのロールがあります。事前定義ロールにはあらかじめ900個を超えるロールがあります。そしてカスタムロールは自分で権限をカスタマイズしたロールを用意して利用します。

●基本ロールの例

●事前定義ロールの例

組織のIAMと各プロジェクト内のIAMとで付与できるロールを比較すると、いずれでも設定できる共通のロールも多いですが、どちらかでしか選べないロールも存在します。

たとえば、請求まわりのロールは、下図にあるように、組織のIAMのほうが各プロジェクト内のIAMで付与できるロールよりも種類が多いことがわかります。

●billingグループ内で選択できるロールの違い

各プロジェクト内のIAM

各プロジェクト内のIAMでは、プロジェクト内でのユーザーに対するロールを管理することができます。

もし複数のプロジェクトを用いている環境の場合は、各々のプロジェクト内のIAMでロールの付与が必要となります。

IAMにユーザーを登録する際は何かしらのロールの付与が必須なため、結果的にIAMに登録されているユーザーには全員何らかのロールが付与されていることになります。

組織のIAM

「組織あり」では、組織プロジェクト内に組織のIAMが存在します。このIAMは組織内のユーザーとロールを管理し、ユーザーにさまざまな管理者権限のロールを付与することができます。組織のIAMで比較的よく付与されるロールとしては、組織の管理者、プロジェクト作成者、もしくは請求先アカウント作成者などがあります。

組織のIAMでロールを付与されたユーザーは各プロジェクトのIAMでも権限が継承されます。

GCPのアカウントとユーザーの管理

「組織なし」の場合は、最初に生成したアカウントがIAM上にそのままプリンシパル(プロジェクトメンバーとなるユーザーを指す)として登録されます。その後、プリンシパルを追加する際は、Googleアカウント、Googleグループ、サービスアカウント、もしくはGoogle WorkspaceドメインをIAM上で登録するようにします。

一方、「組織あり」の場合は、ユーザーをGoogle Workspace上もしくはCloud Identity上で登録します。

サービスアカウント

GCPでは、サービス用途で用いるサービスアカウントと呼ばれるものがあります。サービスアカウントはユーザーと異なり、利用するアプリケーションに属するアカウントです。たとえば仮想サーバーインスタンス上で稼働しているアプリケーションからストレージサービスに何かしらの操作を行おうとした場合に、サービスアカウントが用いられます。

課金情報を表示するためのロール付与

GCPでは各々のプロジェクトごとに請求先アカウントを設定します。

請求先アカウントは、請求先アカウント管理者や請求先アカウント作成者のロールを持つユーザーによって作成が可能です。

COLUMN

AzureとGCPにはスイッチロール機能が存在しない

AzureとGCPにはスイッチロール機能が存在しません。この理由は課金管理の仕組みがAWSと違うことによります。

Azureにはサブスクリプション、GCPにはプロジェクトと呼ばれる課金単位があります。最初にサブスクリプションやプロジェクトといった単位で箱を作っておいて、その中でIAMからユーザーや各種リソースを生成する方法を取ります。この方法の利点は、箱ごとにIAMが独立して存在しているので箱ごとに違ったロールを付与することができるということがあります。

このおかげでスイッチロールの機能がなくとも、各ユーザーはサインインし直すことなく自分に権限があるサブスクリプションやプロジェクトの間を自由に切り替えながら使うことができます。

CHAPTER 05 クラウドの認定資格

本章の概要

クラウドの世界観を知るために各社クラウドの認定資格を受験するのはよい考えです。認定資格に合格することで、クラウドの世界観を知ることができるだけでなく、クラウドの専門家としてアピールできるようにもなります。

また、複数のクラウドベンダーの認定資格を持っていると各ベンダーでの違いを意識した上で適切なものを選定できるため、クラウドの専門家としてより活躍の幅が広がります。

SECTION-24

クラウドの認定資格の種類

クラウドベンダーの認定資格では、各社のいずれも「ロール(もしくは役割)別認定」と「専門知識」の試験が用意されています。ロール別認定では基本・中級・上級に相当する3種類の難易度が用意されていることが多いです。

各クラウドベンダー共に、試験の種類が多いためそれぞれの試験の違いをよく理解して試験を選ぶようにします。一般的にはまずはロール別認定資格を取り進め、その後に機会があれば専門知識も取るという進め方をする人が多いようです。

AWSの認定資格

AWS認定資格にはロール別と専門知識の認定資格に分かれており、合わせて12種類の認定資格があります。

ロール別認定資格ではFoundational(基礎)、アソシエイト、プロフェッショナルの3種類のレベルがある一方、専門知識の認定資格ではレベル分けのない単一の試験となります。

AWSでは下位の認定資格を持っていないと上位の試験を受けられないといった制限がないため、どれでも自由に受験することができます。

AWSのすべての認定資格は3年間有効です。認定資格の認定を維持するには、再受験するか、もしくは上位レベルの認定資格に合格する方法があります。

なお、再受験するときにはAWS認定アカウントの特典セクションにある50%割引バウチャーを使用することができます。

●AWSの認定資格一覧

※出典：https://aws.amazon.com/jp/certification/

●AWS認定資格の比較

レベル	試験名	時間	受験費用
基礎	クラウドプラクティショナー	90分	$100
アソシエイト	ソリューションアーキテクトアソシエイト(SAA)	130分	$150
アソシエイト	デベロッパーアソシエイト	130分	$150
アソシエイト	SysOpsアドミニストレーターアソシエイト	180分	$150
プロフェッショナル	ソリューションアーキテクトプロフェッショナル(SAP)	180分	$300
プロフェッショナル	DevOpsエンジニアプロフェッショナル	180分	$300
専門知識	高度なネットワーキング	170分	$300
専門知識	データアナリティクス	180分	$300
専門知識	データベース	180分	$300
専門知識	機械学習	180分	$300
専門知識	セキュリティ	170分	$300
専門知識	SAP on AWS	170分	$300

Azureの認定資格

Azure認定資格には、ロール別と専門知識の認定資格に分かれており、合わせて20種類の認定資格があります。

ロール別認定資格ではFundamentals(基礎)、アソシエイト、エキスパートの3種類のレベルがある一方、専門知識の認定資格ではレベル分けのない単一の試験となります。

試験時間は、Fundamentalsは45分です。アソシエイト、エキスパート、および専門知識の試験については適時変動がありますが、おおよそ120~180分前後を見ておくのがよいようです。

Azureの認定資格の有効期限はFundamentalsを除き、1年間です。Fundamentalsには有効期限がありません。

認定資格を維持するには無料の再認定試験をオンラインで受ける必要があります。認定資格が有効期限切れになる180日前、90日前、30日前、7日前に更新通知がメールで届きますので、そのメール内にあるリンクからWebブラウザ上で更新のアセスメントを受けることができます。試験には制限時間がありません。不合格でも24時間後に何度でも再挑戦が可能です。

●Microsoftの認定資格一覧

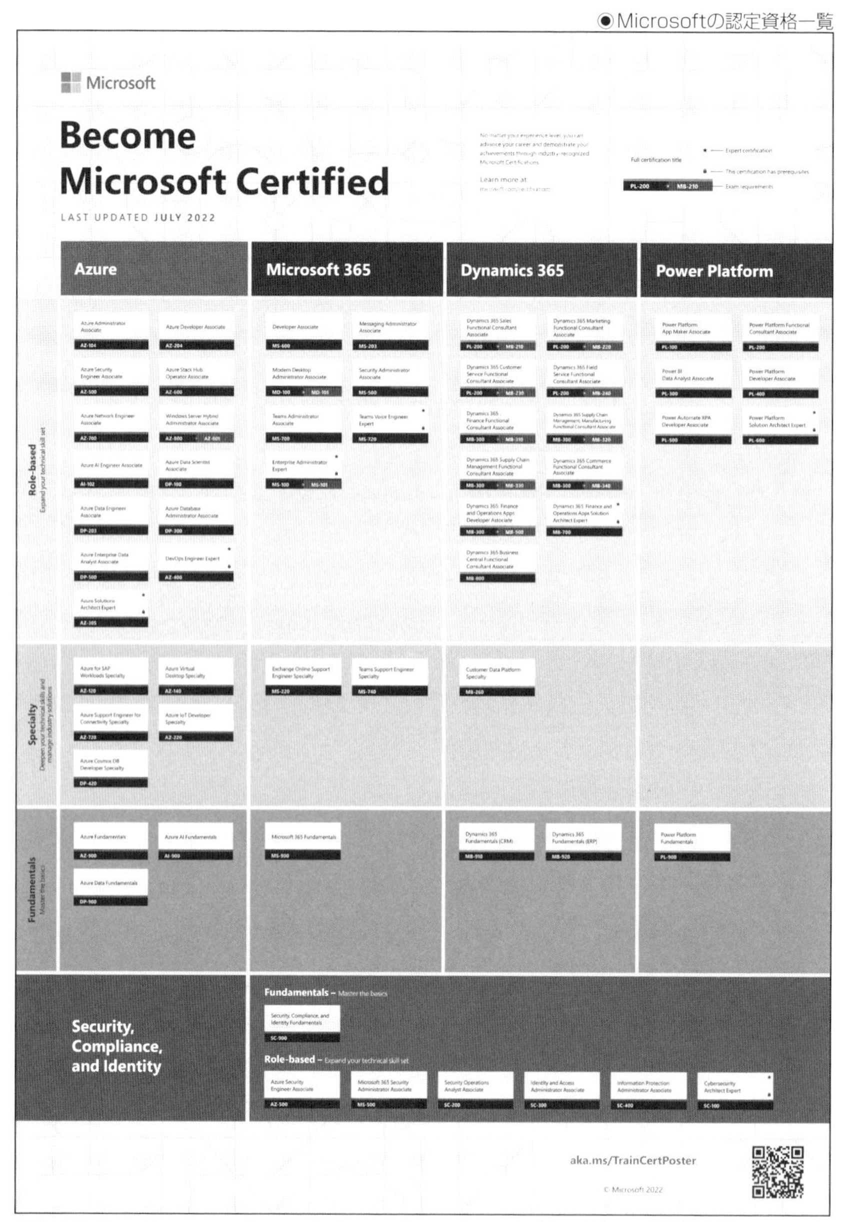

※出典：https://query.prod.cms.rt.microsoft.com/cms/api/am/binary/RE2PjDI

●Azure認定資格の比較

レベル	試験名	受験費用
基礎	AZ-900: Azure Fundamentals	$99
基礎	AI-900: Azure AI Fundamentals	$99
基礎	DP-900: Azure Data Fundamentals	$99
アソシエイト	AZ-104: Azure Administrator Associate	$165
アソシエイト	AZ-204: Developing Solutions for Microsoft Azure	$165
アソシエイト	AZ-500: Azure Security Technology	$165
アソシエイト	AZ-600: Configuring and Operating a Hybrid Cloud with Microsoft Azure Stack Hub	$165
アソシエイト	AZ-700: Designing and Implementing Microsoft Azure Networking Solutions	$165
アソシエイト	AZ-800: Administering Windows Server Hybrid Core Infrastructure	$165
アソシエイト	AI-102: Designing and Implementing a Microsoft Azure AI Solution	$165
アソシエイト	DP-203: Data Engineering on Microsoft Azure	$165
アソシエイト	DP-300: Administering Relational Databases on Microsoft Azure	$165
アソシエイト	DP-100: Designing and Implementing a Data Science Solution on Azure	$165
エキスパート	AZ-305: Designing Microsoft Azure Infrastructure Solutions	$165
エキスパート	AZ-400: Designing and Implementing Microsoft DevOps Solutions	$165
専門	AZ-120: Azure for SAP Workloads Specialty	$165
専門	AZ-140: Azure Virtual Desktop Specialty	$165
専門	AZ-720: Azure Support Engineer for Connectivity Specialty	$165
専門	AZ-220: Azure IoT Developer Specialty	$165
専門	DP-420: Azure Cosmos DB Developer Specialty	$165

Azure検定試験の無料受講

Azure関連のオンラインセミナーに参加すると無料バウチャーをもらえる場合があります。特に初級認定資格であるMicrosoft Azure Fundamentals(AZ-900)の無料バウチャーが提供される機会が多いようです。

GCPの認定資格

GCP認定資格には、基礎、アソシエイト、プロフェッショナルの3種類の認定資格があり、合わせて11種類の認定資格があります。

GCPのすべての認定資格は2年間有効です。認定資格を維持するには、再認定を受ける必要があります。認定資格が有効期限切れになる90日前、60日前、30日前に更新通知が届きます。

◉GCPの認定資格一覧

基礎的な認定資格

クラウドのコンセプト、Google Cloud のプロダクト、サービス、ツール、機能、メリット、ユースケースに関する幅広い知識を実証します。

推奨される経験

- 技術専門家と連携した任務
- 技術的な前提条件はありません

役割

Cloud Digital Leader

アソシエイト認定資格

プロフェッショナル認定資格への道につながる、クラウド プロジェクトのデプロイと保守に必要な基本的なスキルを習得できます。

推奨される経験

- Google Cloud での構築経験が 6 か月以上

役割

Cloud Engineer

プロフェッショナル認定資格

主要な技術職務と Google Cloud プロダクトの設計、実装、管理における高度なスキルを評価します。

推奨される経験

- クラウド業界での経験が 3 年以上
- Google Cloud の業務経験が少なくとも 1 年以上

役割

Cloud Architect
Cloud Database Engineer（ベータ版）
Cloud Developer
Data Engineer
Cloud DevOps Engineer
Cloud Security Engineer
Cloud Network Engineer
Google Workspace Administrator
Machine Learning Engineer

※出典：https://cloud.google.com/certification#why-get-google-cloud-certified

●GCP認定資格の比較

レベル	認定資格名	時間	受験費用	言語
基礎	Cloud Digital Leader	90分	$99	英語、日本語
アソシエイト	Associate Cloud Engineer	120分	$125	英語、日本語、スペイン語
プロフェッショナル	Professional Cloud Architect	120分	$200	英語、日本語
プロフェッショナル	Professional Database Engineer (β)	240分	$120	英語
プロフェッショナル	Professional Cloud Developer	120分	$200	英語、日本語
プロフェッショナル	Professional Data Engineer	120分	$200	英語、日本語
プロフェッショナル	Professional Cloud DevOps Engineer	120分	$200	英語
プロフェッショナル	Professional Cloud Security Engineer	120分	$200	英語、日本語
プロフェッショナル	Professional Cloud Network Engineer	120分	$200	英語
プロフェッショナル	Professional Google Workspace Administrator	120分	$200	英語、日本語
プロフェッショナル	Professional Machine Learning Engineer	120分	$200	英語

SECTION-28

クラウドベンダーの公式資料

各クラウドベンダーから自社クラウドサービスの自主学習のためのさまざまなトレーニング資料が無料で提供されています。資格試験対策プログラムもあるので資格試験受験の際は一度見てみるとよいです。ベンダーからの公式資料ですので内容の正確性も期待できます。

AWSの公式資料

AWSには次のような公式資料があります。

◆ AWS Black Belt Online Seminar

ウェビナー(オンラインセミナー)が定期的に開催されています。AWSのサービスに関する動画講義やスライドを無料で閲覧できます。過去に実施されたアーカイブも閲覧可能です。

URL https://aws.amazon.com/jp/aws-jp-introduction/#blackbelt

●AWS Black Belt Online Seminar

[AWS Black Belt Online Seminar] オンデマンド動画 コンテンツ

最新の AWS Black Belt Online Seminar で公開したコンテンツを配置しています。

Service Name	Date	Title	SlideShare	PDF	Youtube	AWS Blog
Amazon Connect	2022/04	Amazon Connect を活用したオンコール対応の実現	SlideShare	PDF	Youtube	
Amazon Connect	2022/04	Amazon Connect Salesforce連携 (第1回 CTI Adapter で実現可能な標準機能のご紹介)	SlideShare	PDF	Youtube	
AWS WAF	2022/03	AWS Managed Rules for AWS WAF の活用	SlideShare	PDF	Youtube	
Amazon Connect	2022/03	Amazon Connect Tasks	SlideShare	PDF	Youtube	
Amazon Connect	2022/02	Amazon Connect Customer Profiles	SlideShare	PDF	Youtube	
-	2022/02	AWS SaaS Boost で始める SaaS 開発入門	SlideShare	PDF	Youtube	
Amazon ECS Anywhere	2021/12	CON371 Amazon ECS Anywhere	SlideShare	PDF	Youtube	
AWS App Mesh	2021/12	CON332 AWS App Mesh	SlideShare	PDF	Youtube	
Amazon ECS	2021/12	CON464 Amazon ECS deployment circuit breakerを使った自動ロールバック	SlideShare	PDF	Youtube	
App Runner	2021/12	CON243 App Runner 入門	SlideShare	PDF	Youtube	
Amazon ECR	2021/12	CON241 Elastic Container Registry	SlideShare	PDF	Youtube	
-	2021/12/3	AWS re:Invent 2021 速報	SlideShare	PDF	Youtube	AWS Blog
AWS App Mesh	2021/11	CON265 サービスメッシュ入門	SlideShare	PDF	Youtube	

※出典：https://aws.amazon.com/jp/aws-jp-introduction/#blackbelt

◆ ホワイトペーパー

クラウドの知識を深めるために提供される技術情報です。

URL https://aws.amazon.com/jp/whitepapers/

◉AWSホワイトペーパー

AWS ホワイトペーパーとガイド

AWS と AWS コミュニティによって作成された、テクニカルホワイトペーパー、技術ガイド、参考資料、リファレンスアーキテクチャ図などの技術文書を活用して、クラウドに関する知識を深めてください。 AWS クラウドの概要と利用可能なサービスについては、Amazon Web Services の概要をご覧ください。

フィルターをクリア

▼ コンテンツタイプ
- ホワイトペーパー
- 技術ガイド

▼ 技術カテゴリ
- 分析とビッグデータ
- アプリケーション統合
- クラウド財務管理
- コンピューティング
- コンテナ
- データベース
- デベロッパーツール
- エンドユーザーコンピューティング
- フロントエンドのウェブとモバイル
- IoT (モノのインターネット)
- 機械学習と AI
- マネジメントとガバナンス
- メディアサービス
- 移行
- ネットワーキングとコンテンツ配信
- セキュリティ、アイデンティティ、コンプライアンス
- 空間コンピューティング
- ストレージ

▼ 業種
- 航空宇宙
- 農業
- 自動車
- 消費者向けパッケージ商品
- 防衛
- 教育
- エレクトロニクス

このページはお役に立ちましたか?

はい　いいえ　フィードバック

AWS ホワイトペーパーとガイドを検索

1-15 (51)　並べ替え: 日付 (新しい順～古い順)

ホワイトペーパー　更新
AWS での WordPress: AWS のベストプラクティス
AWS で WordPress を実行するシステム管理者向けのガイダンス。
HTML | PDF | Kindle
アプリケーション統合 | エンドユーザーコンピューティング (EUC)
2021 年 10 月

ホワイトペーパー　更新
マルチユーザー環境の設定 (クラスルームトレーニン…
教育環境で隔離された環境を設定するためのいくつかのアプローチ。
PDF
すべての製品 | 教育
2021 年 9 月

ホワイトペーパー　新着
AWS Graviton Performance Testing: …
このホワイトペーパーでは、AWS Graviton の例を使用して、EC2 インスタンスを評価する際のテストアプローチを定義し、成功要因を設定し、さまざまなテスト方法とその実装を比較する方法を示します。
2021 年 9 月

ホワイトペーパー　更新
AWS での金融サービス向けグリッドコンピューティ…
金融業界のグリッドコンピューティングで AWS を使用するためのベストプラクティス。
PDF
コンピューティング | セキュリティ、アイデンティティ、コンプライアンス | 金融サービ
2021 年 8 月

ホワイトペーパー　新着
AWS Outposts High Availability Design and Architecture Considerations
このホワイトペーパーでは、IT マネージャーとシステムアーキテクトが AWS Outposts を使用して可用性の高いオンプレミスアプリケーション環境を構築するために適用できるアーキテクチャの考慮事項と推奨プラクティスについて説明します。
PDF

ホワイトペーパー　更新
アマゾン ウェブ サービスの概要
すべての AWS のサービスの概要。
HTML | PDF | Kindle
すべての製品
2021 年 8 月

※出典：https://aws.amazon.com/jp/whitepapers/

◆ AWSハンズオン

実際に手を動かしながらAWSを習得するために提供されている初心者向けハンズオンです。

URL https://aws.amazon.com/jp/aws-jp-introduction/aws-jp-webinar-hands-on/

◉ AWSハンズオン

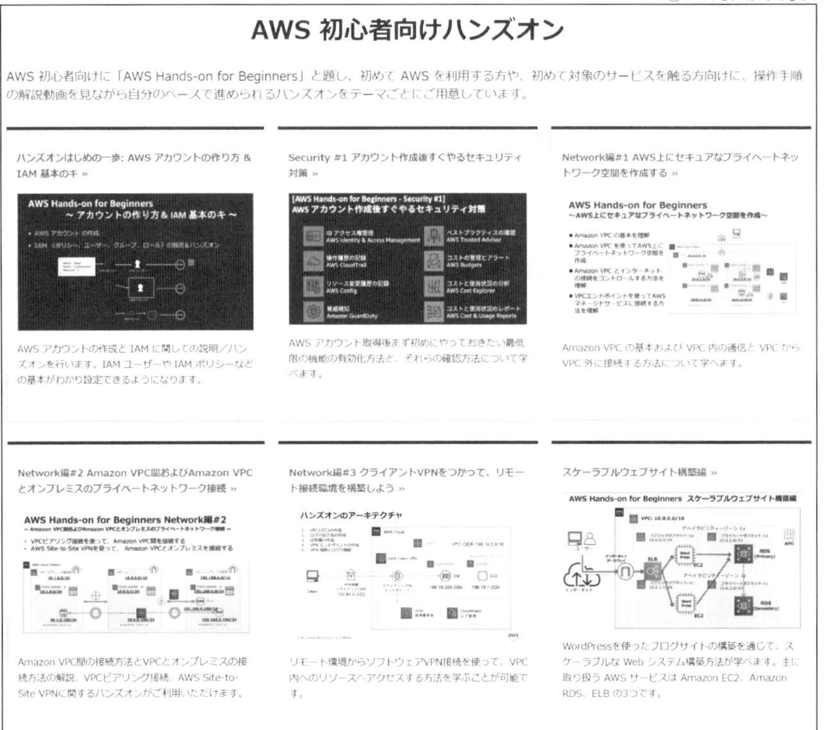

※出典：https://aws.amazon.com/jp/aws-jp-introduction/aws-jp-webinar-hands-on/

◆ AWSのドキュメント

ユーザーガイド、デベロッパーガイド、API リファレンス、チュートリアルなどが含まれます。

URL https://docs.aws.amazon.com/ja_jp/

Azureの公式資料

Azureには次のような公式資料があります。

◆ Microsoft Learn

Microsoft LearnではMicrosoft製品全般のトレーニングプログラムが無料で提供されています。Azureの認定資格のためのプログラムも提供されています。

URL https://docs.microsoft.com/ja-jp/learn/azure/

●Microsoft Learn

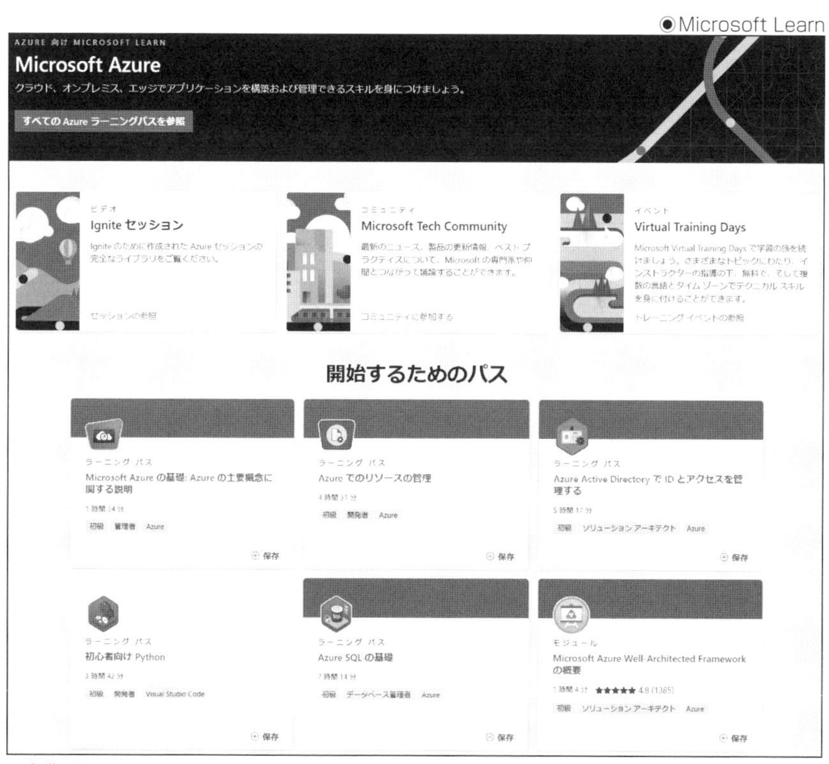

※出典：https://docs.microsoft.com/ja-jp/learn/azure/

◆ Azure公式ドキュメント

Azureの全サービスの概要や詳細な仕様が閲覧できます。サンプルコード、チュートリアル、APIリファレンス、アーキテクチャ構築に関するガイダンスなどが掲載されています。

URL https://docs.microsoft.com/ja-jp/azure/

●Azure公式ドキュメント

※出典：https://docs.microsoft.com/ja-jp/azure/

GCPの公式資料

GCPには次のような公式資料があります。

◆ GCP公式ドキュメント

GCPに関する各種情報が閲覧できます。ガイド、コードサンプル、チュートリアル、APIリファレンスなどが掲載されています。

URL https://cloud.google.com/docs/?hl=ja

●GCP公式ドキュメント

Google Cloud のドキュメント

ガイド、コードサンプル、アーキテクチャ図、ベスト プラクティス、チュートリアル、API リファレンスなどを参照して、Google Cloud での構築方法についてご確認ください。

始める
Google Cloud の使用を開始します。
詳細

コードサンプル
利用可能なすべての Google Cloud コードサンプルをブラウジングします。
詳細

Cloud アーキテクチャ センター
ベスト プラクティスとチュートリアルを見つけます。
詳細

リリースノート
Google Cloud プロダクトの最近の変更が記載されています。
詳細

Google Cloud プロダクトのドキュメント

フィルタして Google Cloud のプロダクト、サービス、API のガイドを検索する。

AI と機械学習: 統合プラットフォームと統合

AI Platform
Google Cloud やオンプレミスで実行される AI アプリケーションを構築します。

Deep Learning Containers
ディープ ラーニング環境向けに事前構成、最適化されたコンテナを利用できます。

Deep Learning VM Image
データ サイエンスと ML タスクに最適化された VM イメージをデプロイします。

Document AI
評価からデプロイまでエンドツーエンドのドキュメント ソリューションを可能にする統合 API。

TensorFlow Enterprise
互換性のテスト済みで最適化された TensorFlow を使用して、クラウド上での ML ワークフローの処理を高速化し、スケーリングを行います。

Vertex AI
MLOps の統合サポートで、統合プラットフォームの独自のトレーニング コードや AutoML を使用してカスタム ML モデルを構築できます。

Vertex AI Workbench

Vertex Explainable AI

Vertex AI Feature Store

※出典：https://cloud.google.com/docs/?hl=ja

◆ Google Cloudクイックスタート

インタラクティブなクイックスタートチュートリアルが掲載されています。実際に体験しながら学習することができます。

URL https://cloud.google.com/docs/get-started/quickstarts

●Google Cloudクイックスタート

※出典：https://cloud.google.com/docs/get-started/quickstarts

SECTION-29

認定試験を受験するときの注意事項

認定試験の受験を考えている場合、下記のことに注意するとよいでしょう。

- 試験会場で試験を受けることはもちろん、オンラインでも可能な場合がある。
- 下位の認定資格を持っていないと上位の試験を受けられない場合がある。
- 認定資格には有効期限があるものがある。
- 上位認定資格の試験に合格すると、すでに保持している下位認定資格の有効期限が自動的に延長される場合がある。
- 受験費用は現地通貨(すなわち日本円)で支払いが可能だが、基準価格が米国ドルを基準に変動する場合があるため、念のため本書では米国ドルで記載している。

COLUMN

認定試験の受験体験談

著者の所属する社内では認定試験の受験体験談が共有されています。その中からいくつか抜き出して紹介してみます。

- 他の人の合格体験談が役に立つ。試験問題の傾向だけでなく、学習方法など、細かいこともいろいろ教えてくれる。
- 時間配分が重要。
- 最後まであきらめない。わからなくても全部記入する。何も選択しないと0点。
- 文章読解力が重要。問題文の日本語がおかしいときがある。場合によっては英語に切り替えたほうが理解が進むときがある。
- 出題者の意図をくんで回答する。たとえば、クラウドを使うと費用が下がるなど、出題者が選んでほしい回答を選ぶようにする。
- キーワードと選んでほしいサービスがリンクしてる場合が往々にしてあるので、それらを見逃さない。たとえば、AWSでは次のような感じ。
  - 「低費用」「取り出しに時間がかかってもよい」→ Amazon S3 Glacier
  - 「可用性」「スケーラブル」→ マネージドサービスを選ぶ
  - 「ペタバイト級の大容量」&「早く」→ AWS Snowball
  - 「Amazon EMR」→ スポットインスタンス

認定資格に合格するコツ

認定資格を受験する際は、出題傾向をできるだけ集めて効率的に点を取れるような勉強をするのがよいです。

実際に手を動かすと合格率が上がるとよくいわれます。ただし、どの試験も出題範囲が広くて関連するサービス数が多いのですべてにわたって試すのは時間がかかります。そこで出題傾向を見ながら、特に正確な作業手順の理解が必要なところのみじっくり試すといったような割り切りが必要になる場合も出てくると思います。

登場したばかりのサービスについてもよく出題されるので、最新状況は把握しておく必要があります。

模擬試験を活用して試験に慣れておくことが重要です。特に学んだ知識が試験問題としてどのような形で問われてくるのか知っておくと、それに対応した試験勉強ができるようになります。

COLUMN

オンライン受験

自宅やオフィスなどで検定試験をオンラインで受験できるようになってきましたが、オンライン受験は試験会場に行って受験するのに比べてさまざまな制約があります。あらかじめ下記のような準備を行っておくとよいでしょう。

- 試験監視員がWebカメラや音声マイクの音をチェックして第三者の存在が確認されると無効試験にされる場合があるので、誰もいない場所や時間に行うようにする。
- 電波状況やカメラ、マイクなど事前に環境テストができるので、前日までにやっておいたほうがよい。
- 試験中は家のインターホンや電話呼び出しを切っておいたほうがよい。
- 試験途中でトイレにいけないので先に済ませておくのがよい。
- 試験で使うアプリケーション以外はすべて停止しないと受験ができないので停止しておく。

CHAPTER 06 クラウドを試してみる

本章の概要

クラウドを理解するためには実際に手を動かして試してみることも効果的です。しかし、いざ試そうと思っても何をどのように試すのがよいか迷うと思います。そこで本章では、クラウドを実際に試してみる際に知っておくべきことを述べていきます。

SECTION-31

クラウドを試す前に最初に注意しておくべきおくこと

実際にクラウドを試す前に、まずは無料利用枠とセキュリティについて注意しておきましょう。これらを押さえておかないと、知らず知らずに高額な請求額が発生してしまう危険性があります。

COLUMN

もし高額な請求額が発生してしまったら

もし予期せぬ高額な請求額が発生してしまったら、まずはクラウドベンダーに連絡して事情を説明してみることをおすすめします。その結果、1回だけは請求を免除してもらえるなどの便宜を図ってもらえることもあります。

もちろん自分のミスであるので、期待通りの対応をしてもらえない可能性もあります。自己責任の部分は十分気をつける必要があります。

無料利用枠

クラウドを最初に試す際には無料利用枠が活用できます。各クラウドベンダー共に、アカウントを作成すると無料利用枠が設定され、その枠内であれば無料で利用できるようになります。

どのサービスが無料で使えるのかは各クラウドベンダーごとに異なるため、利用しようとするサービスが無料利用枠に含まれるのか都度確認するようにするのが安全です。

◆ AWSの場合

AWSでは、「12か月間無料」「常に無料」「トライアル」という3種類の無料利用枠があります。

●AWSの無料利用枠

無料利用枠	説明
12か月間無料	指定されたサービスにおける一定量の利用権が12カ月間だけ提供される。よく使うサービスのほとんどがこの枠に該当する
常に無料	特定のサービスにおいて一定量の利用権が無期限で提供される。即座に使わないが、いずれ使ってほしいような便利なサービスが配置されている印象
トライアル	機械学習などを含む専門的なサービスを中心に、一定量の利用権が短期間提供される

AWSの場合、無料利用枠での利用であってもクレジットカードの登録が必要です。

なお、AWSの場合、無料利用枠に入っていない使い方をするとすぐに課金対象となるので、課金アラートを設定の上、意図しない課金が発生しないよう気をつけることが重要です。特に設定ミスによる意図しない高額課金に長い間、気づかないような状況が続くと精神的ダメージも大きいので気をつけましょう。

COLUMN

学生や教員の場合はAWS Educateを使うこともできる

14才以上の学生や教員であればAWS Educateを使うこともできます。AWS Educateではクラウドの学習コンテンツやトレーニング環境が無料で提供されます。

もしクレジットカードを持っていないなどの理由でまだAWSアカウントを持っていない場合は、スターターアカウントと呼ばれる学習用の特別なアカウントを作成することができます。スターターアカウントの場合はクレジットカードの登録が不要です。

スターターアカウントには毎年数十ドル(条件によって付与額が異なる)のクレジットが付与され、それを使い切るか1年が経過するまで付与されたクレジットが利用可能です。

◆ Azureの場合

Azureでは、「$200分の無料クレジット」「人気のサービスが12カ月間無料」「25種類以上のサービスが常に無料」という3種類の無料利用枠があります。

●Azureの無料利用枠

無料利用枠	説明
$200分の無料クレジット	$200分の利用権が30日間だけ提供される
人気のサービスが12カ月間無料	指定されたサービスにおける一定量の利用権が12カ月間だけ提供される
常に無料	特定のサービスにおいて一定量の利用権が無期限で提供される

Azureの場合、無料利用枠での利用の場合はクレジットカードの登録が不要です。

◆ GCPの場合

GCPでは、「$300分の無料クレジット」「20以上の無料プロダクト」という2種類の無料利用枠があります。

●GCPの無料利用枠

無料利用枠	説明
$300分の無料クレジット	$300分の利用権が90日間だけ提供される
20以上の無料プロダクト	各プロダクトごとに、毎月の上限まで無料で使える

GCPの場合、無料利用枠での利用の場合でもクレジットカードの登録が必要です。

GCPで90日の無料トライアルを試す場合は次の手順で行います。

❶「https://console.cloud.google.com/」を開きます。

❷「無料トライアルに登録」ボタンをクリックします。

❸ 画面の指示通り進むと、無料トライアルが開始します。

●GCPでの無料トライアル登録画面

無料利用枠を超えた場合の扱い

AzureとGCPの場合は無料利用枠を超えると課金が発生するサービスが使えなくなるため、課金される心配はありません。しかし、AWSの場合は無料利用枠を超えた段階で通常の課金額が発生するようになるので注意が必要です。

AWSでの課金アラート設定の方法

AWSを試す場合は事前に課金アラートを設定しておくことで、無料利用枠を使い切りそうになったときにアラートメールが飛んでくるようになります。こうしておくことで、いつの間にか無料利用枠の範囲を超えてしまうことや、不正侵入被害に遭遇して法外な課金が発生したりする前に気づけるようになります。設定は簡単ですので必ず設定しておくとよいでしょう。

請求アラートの設定方法は次の通りです。

❶ 検索窓などからBillingサービスを選択します。すると「請求情報とコスト管理ダッシュボード」が開きます。

❷ 左側メニューから「請求設定」をクリックし、「無料利用枠の使用アラートを受信する」にチェックをつけ、アラートメールの送信先となるEメールアドレスを入力してから「設定の保存」ボタンをクリックします。すると、各サービスにおいてその月の無料利用枠の85%を超えたときに請求アラートメールが届くようになります。あわせて「請求アラートを受け取る」もチェックしておくとさらに安心です。

●請求設定の例

セキュリティ設定

何もセキュリティ対策をせず使っていたために不正アクセスの餌食となり、結果的に多額の使用料を払わされる羽目になったというケースが後を絶ちません。そうならないためにも必要最低限のセキュリティ対策は必要となります。たとえば作成したリソースについては、自分のクライアント端末のIPアドレス以外からのアクセスをすべて遮断する設定をするだけでも少しは安心して使えるようになります。

COLUMN

MFA認証を追加してセキュリティ強化する

IDとパスワードだけの認証に加え、他の認証方法を組み合わせると不正アクセスに対してさらに強固になります。これをMFA(Multi-Factor Authentication)認証もしくは多要素認証と呼びます。各クラウドベンダーのいずれもMFA認証に対応しています。

運用上現実的であればすべてのアカウントやユーザーに対してMFA認証を追加すると安全性が増しますが、それが難しい場合でも、少なくとも最も強い権限を持つ特権アカウントだけでもMFA認証を有効にすることが重要です。

下図は、AWSでルートユーザーのMFA認証を有効にするための設定箇所となります。

●AWSのセキュリティに関するレコメンデーション

サーバーインスタンスを作成する

いよいよサーバーインスタンスを作成します。ここでは試しにLinuxサーバーを作成してみることにします。

サーバーインスタンスを作成するためには、サーバーインスタンスを置く場所となる仮想ネットワーク、ゾーン、サブネットなども併せて準備する必要があります。

なお、本来であればさまざまなセキュリティ設定も併せて行うことも多いですが、ここではサーバーインスタンス作成の流れを見ていくことを主目的とするため、割愛しています。

AWSでサーバーインスタンスを作成する

AWSでサーバーインスタンスを作成する手順を記します。実際の作業に入る前にあらためて、リージョン、VPC(仮想ネットワーク)、アベイラビリティーゾーン、およびサブネットの関係性を押さえておくとよいでしょう。

◉AWSのリージョンと仮想ネットワークとゾーンとサブネットの関係性

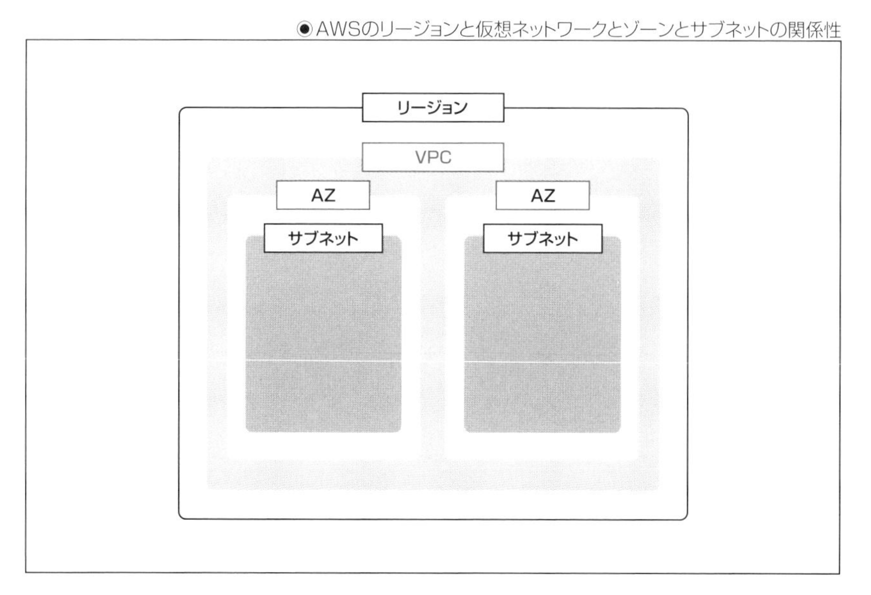

それではAWSでサーバーインスタンスを作成してみましょう。

❶ EC2ダッシュボードからインスタンスの起動を選択します。

◉EC2ダッシュボードからインスタンスの起動を選択する

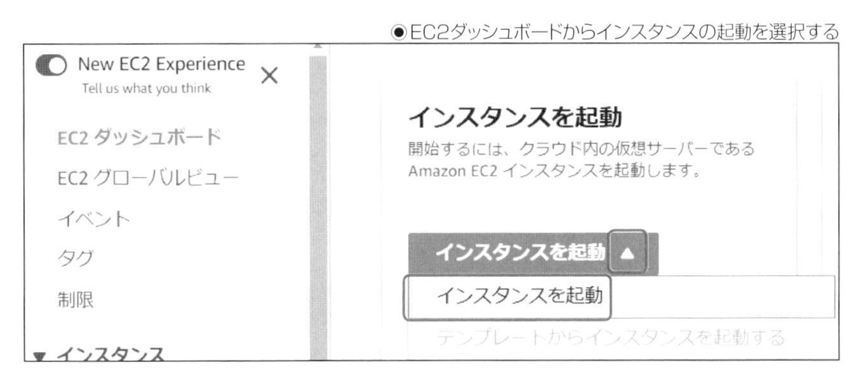

❷ すると「インスタンスを起動」と書かれた、インスタンスを作成する画面が現れます。

◉インスタンスを起動

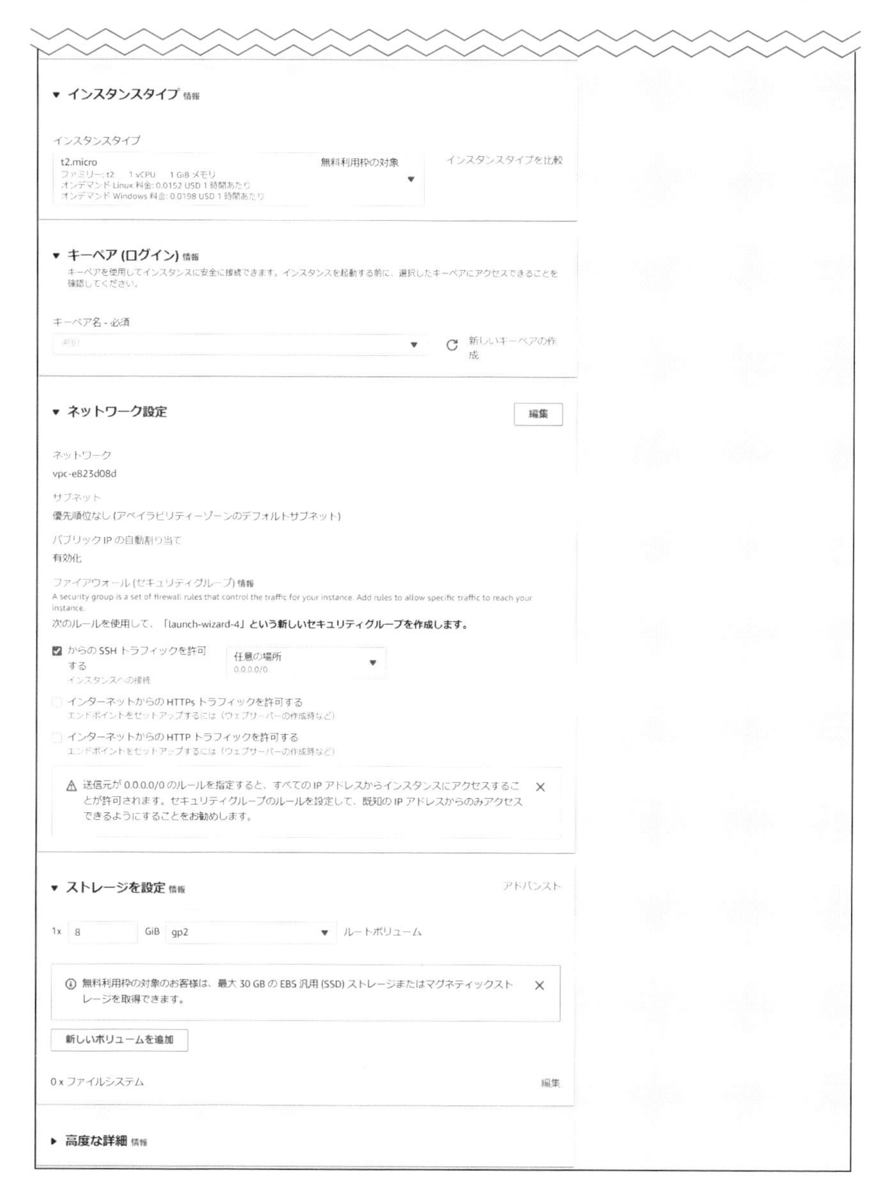

❸「名前とタグ」にはサーバーインスタンスを区別するための名前を記します。ただし、ここに書いた名前がサーバーのホスト名に反映されるわけではなく、「ip-172-31-23-132.ap-northeast-1.compute.internal」のような形式でホスト名が設定されることに注意してください。

❹ Amazonマシンイメージを選択します。OSの種類を選択した後、Amazonマシンイメージ(AMI)にてサーバーのスペックを決定します。ここでは「無料利用枠の対象」と記されたものの中から選ぶようにします。

●Amazonマシンイメージを選択する

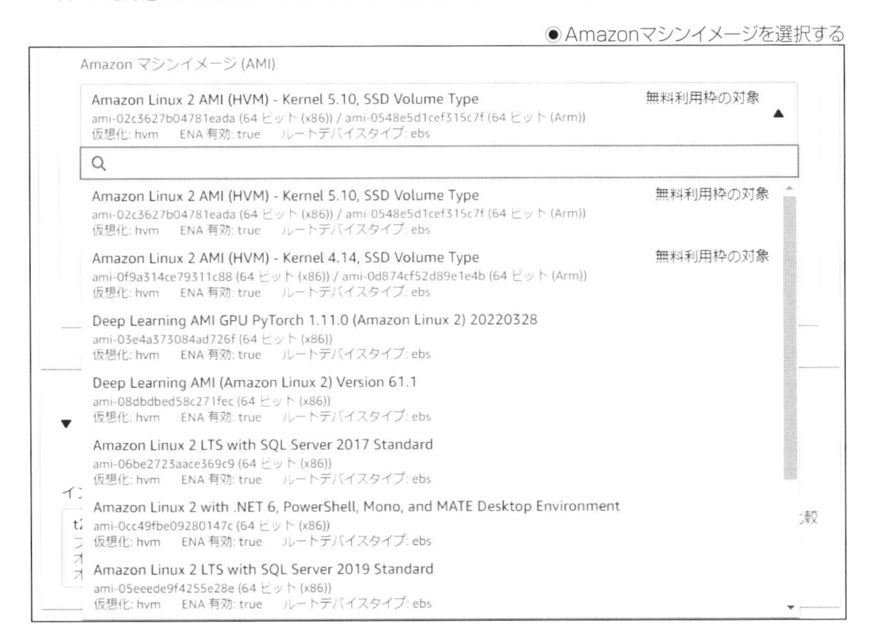

❺ インスタンスタイプを選択します。ここでも「無料利用枠の対象」の中から選択します。

●インスタンスタイプの選択

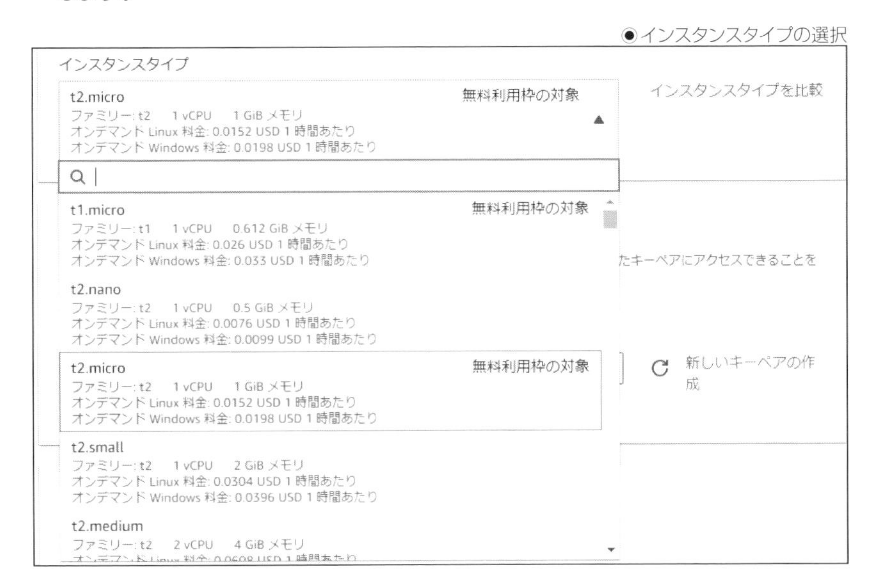

❻キーペア(ログイン)では「新しいキーペアの作成」をクリックします。キーペアとは公開鍵暗号方式での秘密鍵(プライベートキーとも呼ぶ)と公開鍵(パブリックキーとも呼ぶ)との鍵のペアのことです。クラウドでは、キーペアをあらかじめ作成して登録しておくことで、パスワードを入力せずともサーバーにSSH公開鍵認証でログインできるようになります。
ここでは、キーペアのタイプはとりあえずRSAを選んでおき、プライベートキーファイル形式はOpenSSHを使う場合は.pem形式を、SSHクライアントソフトにPuTTYを使う場合は.ppk形式を選びます。
そして「キーペアを作成」をクリックすると、AWS側に公開鍵が保存されかつ秘密鍵の含まれたファイルが自動的にダウンロードされます。
なお、SSH公開鍵を使う認証を行わない場合は「キーペアなしで続行(推奨されません)」を選ぶこともできます。

●キーペアを作成

❼ネットワーク設定では、VPC、アベイラビリティーゾーン、およびサブネットの設定をまとめて行います。また、パブリックIPアドレスの割り当てやセキュリティグループルール設定などもこちらで行うことができます。あらかじめ指定されている内容を変更したい場合は編集ボタンを押すことで各種設定変更が可能です。

下図の例では、セキュリティグループルール設定にてSSH接続ポートであるTCP22番ポートでのソースタイプが「任意の場所」、ソースに「0.0.0.0/0」が表示されていますが、ここを「自分のIP」とするとこのページにアクセスしたときのIPアドレス以外からサーバーインスタンスへSSH接続できなくなります。セキュリティレベルが上がるので、ここでは可能であれば「自分のIP」を選択してください。

●ネットワークの設定

▼ ネットワーク設定

VPC - 必須 情報

vpc-e823d08d (デフォルト)
172.31.0.0/16

サブネット 情報

指定なし

新しいサブネットの作成

パブリック IP の自動割り当て 情報

有効化

ファイアウォール (セキュリティグループ) 情報

A security group is a set of firewall rules that control the traffic for your instance. Add rules to allow specific traffic to reach your instance.

セキュリティグループを作成する

既存のセキュリティグループを選択する

セキュリティグループ名 - 必須

launch-wizard-4

このセキュリティグループはすべてのネットワークインターフェイスに追加されます。セキュリティグループが作成された後で名前を編集することはできません。最大長は 255 文字です。有効な文字は a~z、A~Z、0~9、スペース、および _-:/ () #,@[]+=&;{}!$*

説明 - 必須 情報

launch-wizard-4 created 2022-05-16T03:00:02.635Z

インバウンドセキュリティグループのルール

▼ セキュリティグループルール 1 (TCP, 22, 0.0.0.0/0)

削除

タイプ 情報: ssh

プロトコル 情報: TCP

ポート範囲 情報: 22

ソースタイプ 情報: 任意の場所

ソース 情報: CIDR、プレフィックスリスト

0.0.0.0/0

説明 - optional 情報: 例: 管理者のデスクトップの SSH

送信元が 0.0.0.0/0 のルールを指定すると、すべての IP アドレスからインスタンスにアクセスすることが許可されます。セキュリティグループのルールを設定して、既知の IP アドレスからのみアクセスできるようにすることをお勧めします。

❽ その他、必要な設定を行った後、「インスタンスを起動」ボタンをクリックするとインスタンスが起動します。

●インスタンスの起動

❾ EC2ダッシュボードに戻るとインスタンスが作成されて実行中となっていることがわかります。

●実行中インスタンスの確認

COLUMN 公開鍵暗号方式

公開鍵暗号方式では、公開鍵でメッセージを暗号化し、秘密鍵で復号します。

公開鍵はその名の通り広く公開しても問題ありませんが、秘密鍵が流出してしまうと自分宛てのメッセージが復号化され放題となってしまうので絶対に秘密にしておかなければなりません。

秘密鍵から公開鍵の生成は容易(少ない計算量で再生成できる)ですが、公開鍵から秘密鍵の生成は非常に困難(再生成には莫大な計算量が必要)という数学的特性があります。

Azureでサーバーインスタンスを作成する

Azureでサーバーインスタンスを作成する手順を記します。実際の作業に入る前にあらためて、リージョン、仮想ネットワーク、可用性ゾーン、およびサブネットの関係性を押さえておくとよいでしょう。

●Azureのリージョンと仮想ネットワークとゾーンとサブネットの関係性

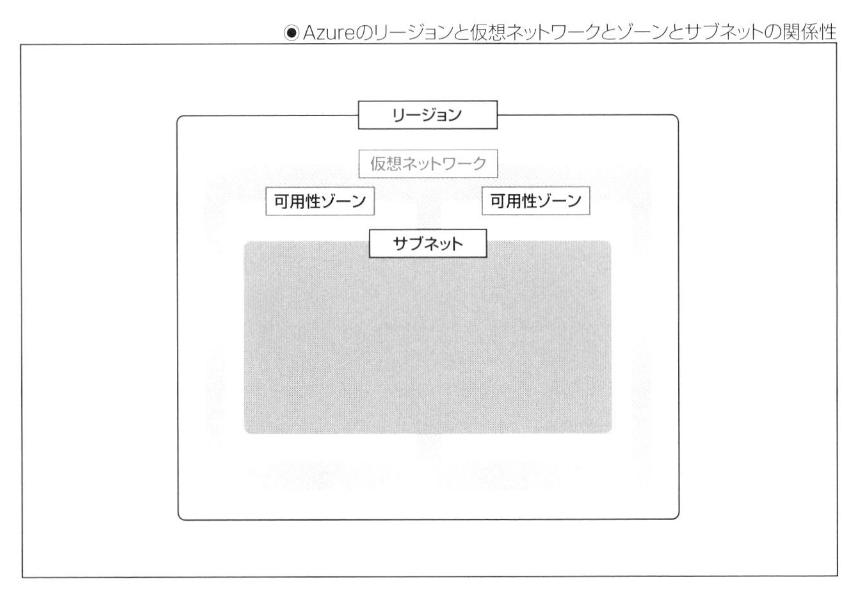

それではAzureでサーバーインスタンスを作成してみましょう。

❶ Azureポータルの Virtual Machinesサービスで「作成」をクリックし、「Azure仮想マシン」をクリックすると、「仮想マシンの作成」と書かれた画面が現れます。そこに仮想マシンの作成に必要な設定項目を入力していきます。設定項目が多いので、ここでは特に重要な部分だけご紹介していきます。

●Azure仮想マシンの作成

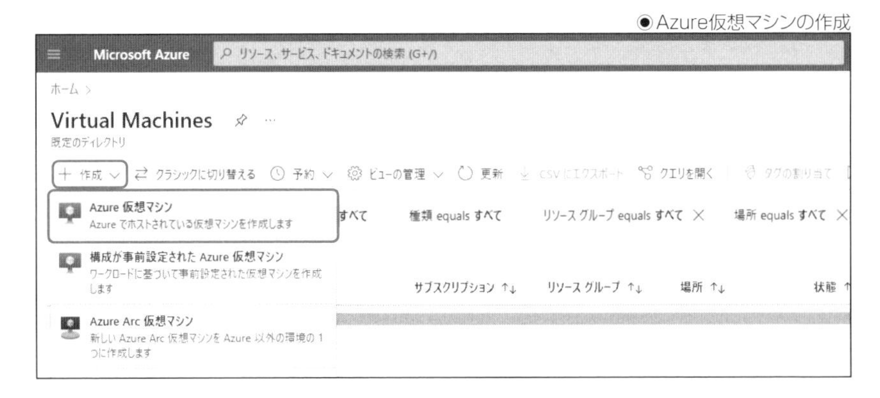

●仮想マシンの作成

ホーム > Virtual Machines >

仮想マシンの作成 …

基本　ディスク　ネットワーク　管理　詳細　タグ　確認および作成

Linux または Windows を実行する仮想マシンを作成します。Azure Marketplace からイメージを選択するか、独自のカスタマイズされたイメージを使用します。[基本] タブに続いて [確認と作成] を完了させて既定のパラメーターで仮想マシンをプロビジョニングするか、それぞれのタブを確認してフル カスタマイズを行います。 詳細情報

プロジェクトの詳細

デプロイされているリソースとコストを管理するサブスクリプションを選択します。フォルダーのようなリソース グループを使用して、すべてのリソースを整理し、管理します。

サブスクリプション * ⓘ　Azure Subscription 1

リソース グループ * ⓘ　(新規) testsvr01_group
新規作成

インスタンスの詳細

仮想マシン名 * ⓘ　testsvr01

地域 * ⓘ　(Asia Pacific) Japan East

可用性オプション ⓘ　インフラストラクチャ冗長は必要ありません

セキュリティの種類 ⓘ　Standard

イメージ * ⓘ　Ubuntu Server 20.04 LTS - Gen2
すべてのイメージを表示 | VM の世代の構成

Azure スポット インスタンス ⓘ　☐

サイズ * ⓘ　Standard_B1ls - 1 vcpu、0.5 GiB のメモリ ($4.96/月)
すべてのサイズを表示

管理者アカウント

認証の種類 ⓘ　◉ SSH 公開キー　○ パスワード

Azure では、自動的に SSH キーの組を生成するようになりました。これは保存して後で使用することができます。これは、仮想マシンに接続するための高速で単純かつ安全な方法です。

ユーザー名 * ⓘ　azureuser

SSH 公開キーのソース　新しいキーの組の生成

キーの組名 *　testsvr01_key

受信ポートの規則

パブリック インターネットからアクセスできる仮想マシン ネットワークのポートを選択します。[ネットワーク] タブで、より限定的または細かくネットワーク アクセスを指定できます。

パブリック受信ポート * ⓘ　○ なし　◉ 選択したポートを許可する

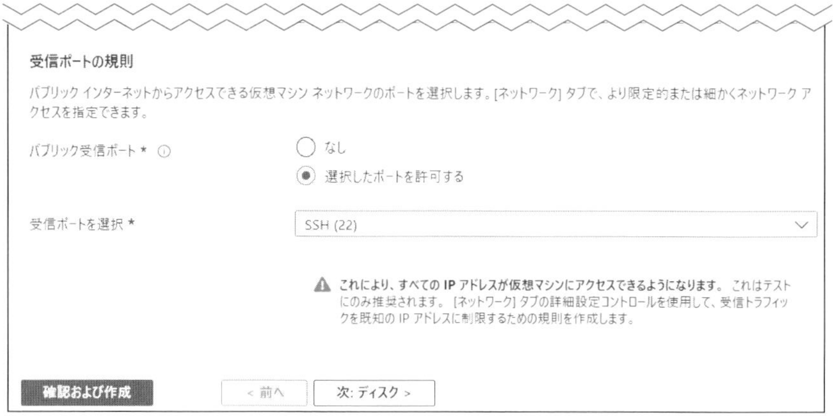

受信ポートの規則

パブリック インターネットからアクセスできる仮想マシン ネットワークのポートを選択します。[ネットワーク] タブで、より限定的または細かくネットワーク アクセスを指定できます。

パブリック受信ポート * ⓘ　○ なし　◉ 選択したポートを許可する

受信ポートを選択 *　SSH (22)

⚠ **これにより、すべての IP アドレスが仮想マシンにアクセスできるようになります。** これはテストにのみ推奨されます。[ネットワーク] タブの詳細設定コントロールを使用して、受信トラフィックを既知の IP アドレスに制限するための規則を作成します。

確認および作成　< 前へ　次: ディスク >

❷ [仮想マシン名]には仮想マシンを区別するための名前を記します。ここに記入した名前はAzureリソース識別子になるとともに、サーバーの初期のホスト名にもなります。

❸ [地域]ではリージョンを選択します。

❹ [イメージ]ではOSイメージを選択します。

❺ [サイズ]ではサーバーのタイプを選択します。

❻ [SSH公開キーのソース]では「新しいキーの組を生成」を選択し、「キーの組み名」を入力します。こうしておくと仮想マシン作成時に秘密キーをダウンロードできるようになります。なお、ここで生成したキーペアはサーバーインスタンスにSSH公開鍵認証でログインするときに用いられます。

❼ その他、必要な設定を行った後、[次: ディスク >]ボタンをクリックするとディスクの設定に移ります。

❽ [OSディスクの種類]では、OSディスクで用いるディスクの種類を選択します。高性能な方から順に「Premium SSD」「Standard SSD」「Standard HDD」です。

❾ [データディスク]では、OSに別のディスクを追加する場合にのみ、新しいディスクを追加するか既存のディスクを接続するようにします。

●Azureでのディスクの設定

基本　ディスク　ネットワーク　管理　詳細　タグ　確認および作成

Azure VM には、1 つのオペレーティング システム ディスクと短期的なストレージの一時的ディスクがあります。追加のデータ ディスクをアタッチできます。VM のサイズによって、使用できるストレージの種類と、許可されるデータ ディスクの数が決まります。 詳細情報

ディスクのオプション

OS ディスクの種類 *　Premium SSD (ローカル冗長ストレージ)

VM と共に削除

ホストでの暗号化

選択したサブスクリプションには、ホストでの暗

暗号化の種類 *

ローカル冗長ストレージ (データは単一のデータセンター内でレプリケートされます)

Premium SSD
実稼働およびパフォーマンスが要求されるワークロードに最適です

Standard SSD
Web サーバー、使用頻度の低いエンタープライズ アプリケーション、Dev/Test に最適です

Standard HDD
バックアップ用、重要でない、頻度の低いアクセスに最適です

Ultra Disk の互換性を有効にする

Ultra Disk は、選択された VM サイズ Standard_B1ls の可用性ゾーン 1,2,3 でサポートされています。

データ ディスク

仮想マシンに別のデータ ディスクを追加および構成したり、既存のディスクを接続したりすることができます。この VM には、一時ディスクも付属しています。

LUN	名前	サイズ (...	ディスクの種類	ホスト キャッ...	VM と共に削除

新しいディスクを作成し接続する　既存のディスクの接続

詳細

確認および作成　< 前へ　次: ネットワーク >

❿ その他、必要な設定を行った後、[次: ネットワーク >]ボタンをクリックするとネットワークの設定に移ります。

●Azureでのネットワークの設定

基本　ディスク　ネットワーク　管理　詳細　タグ　確認および作成

ネットワーク インターフェイス カード (NIC) 設定を構成して仮想マシンのネットワーク接続を定義します。セキュリティ グループの規則によりポートや受信および送信接続を制御したり、既存の負荷分散ソリューションの背後に配置したりすることができます。 詳細情報

ネットワーク インターフェイス

仮想マシンの作成中に、ユーザー用にネットワーク インターフェイスが作成されます。

仮想ネットワーク *　(新規) testsvr01_group-vnet
新規作成

サブネット *　(新規) default (10.0.0.0/24)

パブリック IP　(新規) testsvr01-ip
新規作成

NIC ネットワーク セキュリティ グループ　なし / Basic / 詳細

パブリック受信ポート *　なし / 選択したポートを許可する

受信ポートを選択 *　SSH (22)

これにより、すべての IP アドレスが仮想マシンにアクセスできるようになります。 これはテストにのみ推奨されます。 [ネットワーク] タブの詳細設定コントロールを使用して、受信トラフィックを既知の IP アドレスに制限するための規則を作成します。

VM が削除されたときにパブリック IP と NIC を削除する

高速ネットワーク
選択した VM のサイズは、高速ネットワークをサポートしていません。

負荷分散

既存の Azure 負荷分散ソリューションのバックエンド プールにこの仮想マシンを配置できます。 詳細情報

この仮想マシンを既存の負荷分散ソリューションの後ろに配置しますか?

確認および作成　< 前へ　次: 管理 >

⓫ その他、管理、詳細、タグなどの設定もありますが、ここではそれらをスキップして[確認および作成]ボタンをクリックすることにします。

⓬ 設定に問題がなければ「検証に成功しました」と表示されます。ここで[作成]ボタンをクリックすると仮想ホストが作成されます。

◉確認と作成

検証に成功しました

基本　ディスク　ネットワーク　管理　詳細　タグ　**確認および作成**

次に示すコストは見積もりであり、最終的な価格ではありません。以下を使用してください: 料金計算ツール (すべての価格ニーズに対応できます)。

PRODUCT DETAILS

1 X Standard B1ls
by Microsoft
Terms of use | Privacy policy

Subscription credits apply
0.0068 USD/hr
Pricing for other VM sizes

TERMS

By clicking "作成", I (a) agree to the legal terms and privacy statement(s) associated with the Marketplace offering(s) listed above; (b) authorize Microsoft to bill my current payment method for the fees associated with the offering(s), with the same billing frequency as my Azure subscription; and (c) agree that Microsoft may share my contact, usage and transactional information with the provider(s) of the offering(s) for support, billing and other transactional activities. Microsoft does not provide rights for third-party offerings. See the Azure Marketplace Terms for additional details.

インターネットに対して SSH 個のポートを開くよう設定されています。 これはテストにのみ推奨されます。 この設定を変更する場合は、[基本] タブに戻ります。

基本

サブスクリプション	Azure Subscription 1
リソース グループ	(新規) testsvr01_group
仮想マシン名	testsvr01
地域	Japan East
可用性オプション	インフラストラクチャ冗長は必要ありません
セキュリティの種類	Standard
イメージ	Ubuntu Server 20.04 LTS - Gen2
サイズ	Standard B1ls (1 vcpu、0.5 GiB のメモリ)
認証の種類	SSH 公開キー
ユーザー名	azureuser

作成　< 前へ　次へ >　Automation のテンプレートをダウンロードする

GCPでサーバーインスタンスを作成する

GCPでサーバーインスタンスを作成する手順を記します。実際の作業に入る前にあらためて、VPCネットワーク、リージョン、ゾーン、およびサブネットの関係性を押さえておくとよいでしょう。

●GCPのリージョンと仮想ネットワークとゾーンとサブネットの関係性

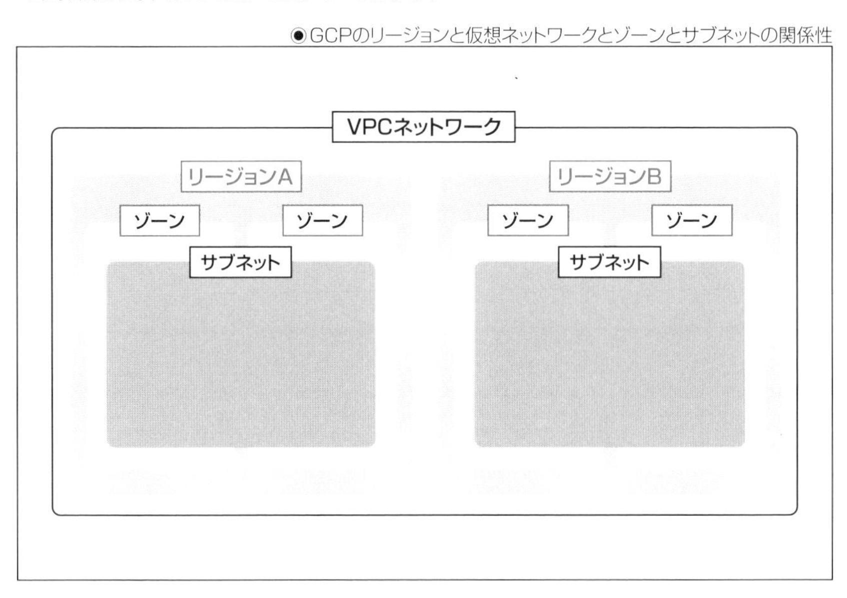

それではGCPでサーバーインスタンスを作成してみましょう。

❶ GCPコンソールのComputer Engineで「インスタンスを作成」を選択します。

●インスタンスを作成

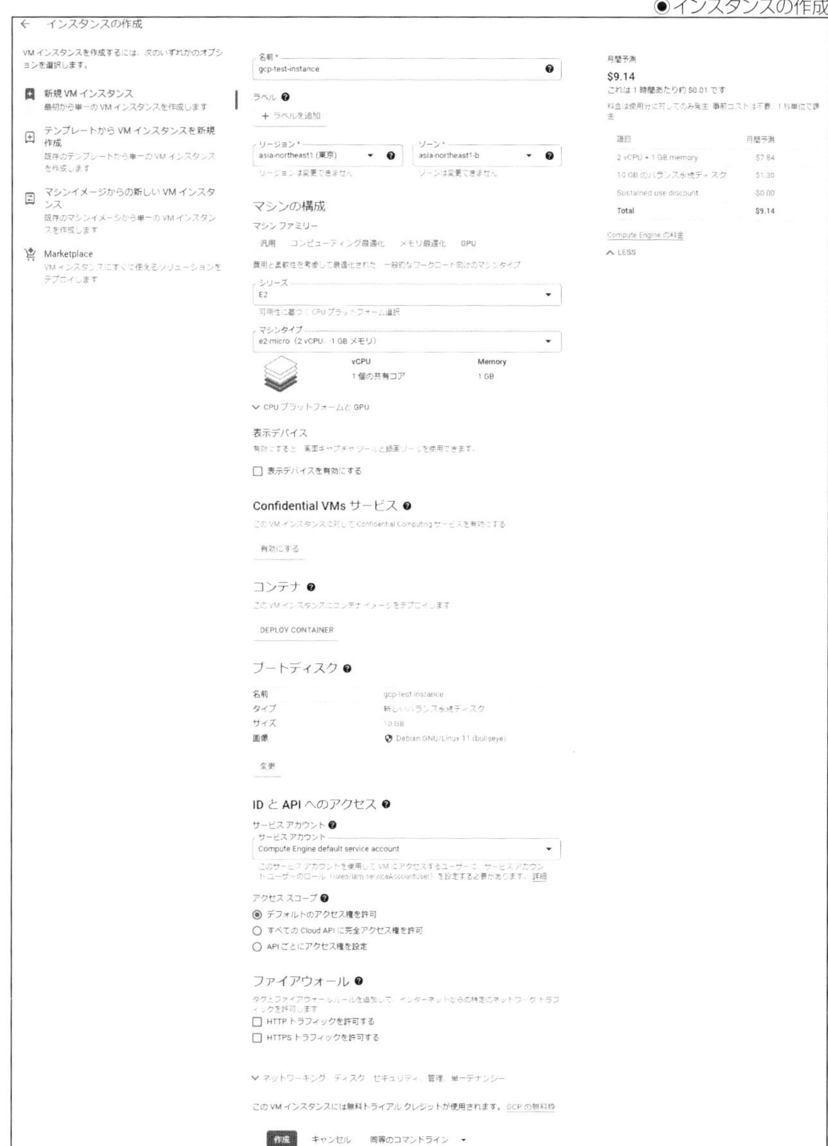
インスタンスの作成
VM インスタンスを作成するには、次のいずれかのオプションを選択します。
新規 VM インスタンス
最初から単一の VM インスタンスを作成します
テンプレートから VM インスタンスを新規作成
既存のテンプレートから単一の VM インスタンスを作成します
マシンイメージからの新しい VM インスタンス
既存のマシンイメージから単一の VM インスタンスを作成します
Marketplace
VM インスタンスにすぐに使えるソリューションをデプロイします
名前 *
gcp-test-instance
ラベル
+ ラベルを追加
リージョン *
asia-northeast1 (東京)
リージョンは変更できません
ゾーン *
asia-northeast1-b
ゾーンは変更できません
マシンの構成
マシン ファミリー
汎用
コンピューティング最適化
メモリ最適化
GPU
費用と柔軟性を考慮して最適化された一般的なワークロード向けのマシンタイプ
シリーズ
E2
可用性に基づく CPU プラットフォーム選択
マシンタイプ
e2-micro (2 vCPU、1 GB メモリ)
vCPU
1 個の共有コア
Memory
1 GB
CPU プラットフォームと GPU
表示デバイス
有効にすると、画面キャプチャ ツールと録画ツールを使用できます。
表示デバイスを有効にする
Confidential VMs サービス
この VM インスタンスに対して Confidential Computing サービスを有効にする
有効にする
コンテナ
この VM インスタンスにコンテナ イメージをデプロイします
DEPLOY CONTAINER
ブートディスク
名前
gcp-test-instance
タイプ
新しいバランス永続ディスク
サイズ
10 GB
画像
Debian GNU/Linux 11 (bullseye)
変更
ID と API へのアクセス
サービス アカウント
Compute Engine default service account
アクセス スコープ
デフォルトのアクセス権を許可
すべての Cloud API に完全アクセス権を許可
API ごとにアクセス権を設定
ファイアウォール
タグとファイアウォール ルールを追加して、インターネットからの特定のネットワーク トラフィックを許可します
HTTP トラフィックを許可する
HTTPS トラフィックを許可する
ネットワーキング、ディスク、セキュリティ、管理、単一テナンシー
この VM インスタンスには無料トライアル クレジットが使用されます。GCP の無料枠
作成
キャンセル
同等のコマンドライン
月間予測
$9.14
これは 1 時間あたり約 $0.01 です
項目
月間予測
2 vCPU + 1 GB memory
$7.84
10 GB のバランス永続ディスク
$1.30
Sustained use discount
$0.00
Total
$9.14
Compute Engine の料金
LESS

●インスタンスの作成

❷ところで、この手順でサーバーインスタンスを作成しようとする場合、AWSやAzureなどと違ってVPCネットワークやサブネットの選択項目がないことに気づくかもしれません。実はGCPでは、あらかじめVPCネットワークとサブネットのデフォルト設定がプロジェクトごとに設定されていて、特に何も指定しないとデフォルト設定がそのまま使われます。

❸各々のデフォルト設定はVPCネットワークのサービス画面内で確認することができます。

●VPCネットワークのデフォルト値

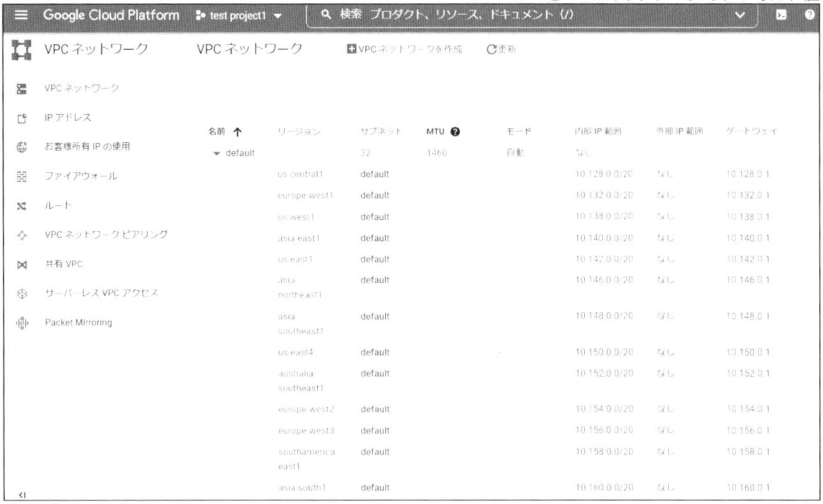
Google Cloud Platform
test project1
検索 プロダクト、リソース、ドキュメント (/)
VPC ネットワーク
VPC ネットワーク
VPC ネットワークを作成
更新
VPC ネットワーク
IP アドレス
お客様所有 IP の使用
ファイアウォール
ルート
VPC ネットワーク ピアリング
共有 VPC
サーバーレス VPC アクセス
Packet Mirroring
名前
リージョン
サブネット
MTU
モード
内部 IP 範囲
外部 IP 範囲
ゲートウェイ
default
32
1460
自動
なし
us-central1 default 10.128.0.0/20 なし 10.128.0.1
europe-west1 default 10.132.0.0/20 なし 10.132.0.1
us-west1 default 10.138.0.0/20 なし 10.138.0.1
asia-east1 default 10.140.0.0/20 なし 10.140.0.1
us-east1 default 10.142.0.0/20 なし 10.142.0.1
asia-northeast1 default 10.146.0.0/20 なし 10.146.0.1
asia-southeast1 default 10.148.0.0/20 なし 10.148.0.1
us-east4 default 10.150.0.0/20 なし 10.150.0.1
australia-southeast1 default 10.152.0.0/20 なし 10.152.0.1
europe-west2 default 10.154.0.0/20 なし 10.154.0.1
europe-west3 default 10.156.0.0/20 なし 10.156.0.1
southamerica-east1 default 10.158.0.0/20 なし 10.158.0.1
asia-south1 default 10.160.0.0/20 なし 10.160.0.1

◉特定リージョンにおけるサブネットのデフォルト値

❹ただし、デフォルト設定は比較的セキュリティがゆるく設定されています。そのため、検証用途などでなければ、デフォルト設定を削除してカスタムでVPCネットワークとサブネットを作成することを強くおすすめします。

❺カスタムで作成するためには、いったんサーバーインスタンスを作成することを止め、事前にVPCネットワークを新規作成します。VPCネットワークサービスにて「VPCネットワークを作成」をクリックし、VPCネットワークと新しいサブネットを作成しておきます。するとサーバーインスタンスの作成画面からカスタムのVPCネットワークとサブネットを選べるようになります。

◉VPCネットワークを作成

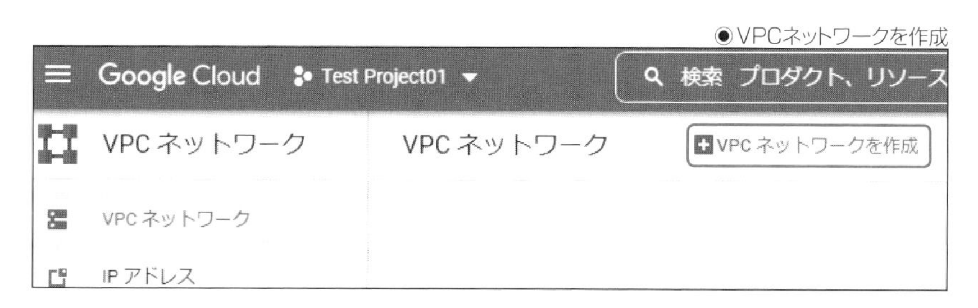

❻ カスタムのVPCネットワークとサブネットを作成したら再びサーバーインスタンス作成画面に戻ります。「ネットワーク、ディスク、セキュリティ、管理、単一テナンシー」をクリックし、「ネットワーキング」「ネットワークインターフェイス」と開いていくと、VPCネットワークとサブネットとのカスタムペアを選択できるようになります。

●カスタムペアの選択

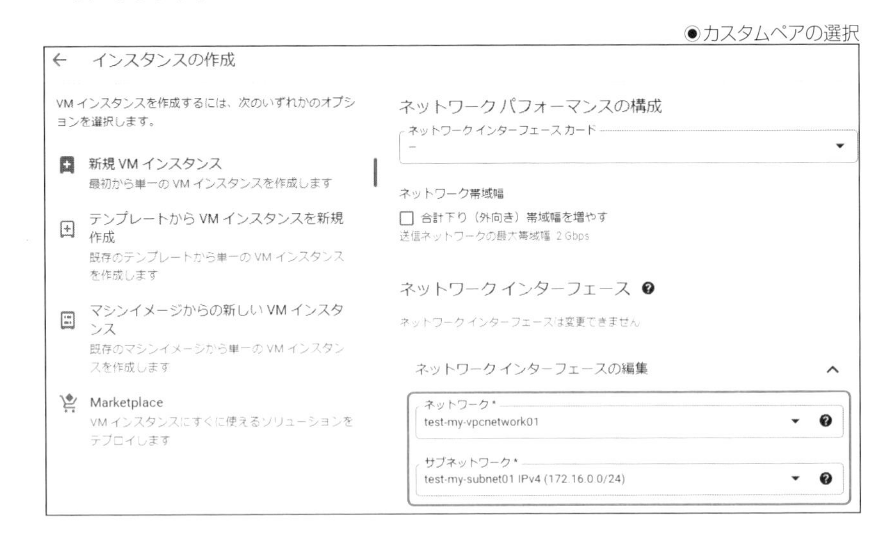

SECTION-33

サーバーインスタンスにWebブラウザから接続する

作成したサーバーインスタンスに接続します。ここではWebブラウザ上でサーバーインスタンスに接続する方法を紹介します。

AWSのサーバーインスタンスにWebブラウザから接続する

EC2インスタンス作成後、該当インスタンス内で[接続]ボタンをクリックします。

●EC2インスタンスへの接続

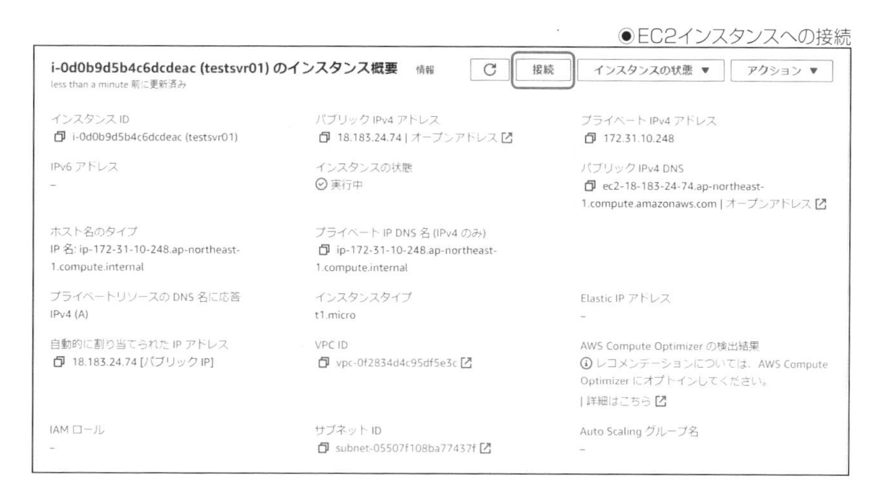

するとインスタンスへの接続方法が4つ選択できるようになります。これらのうち「EC2 Instance Connect」を選択します。

●インスタンスに接続する4つの方法の中から選ぶ

EC2 > インスタンス > i-0d0b9d5b4c6dcdeac > インスタンスに接続

インスタンスに接続 情報

これらのオプションのいずれかを使用してインスタンス i-0d0b9d5b4c6dcdeac (testsvr01) に接続する

EC2 Instance Connect | セッションマネージャー | SSH クライアント | EC2 シリアルコンソール

インスタンス ID

i-0d0b9d5b4c6dcdeac (testsvr01)

パブリック IP アドレス

18.183.24.74

ユーザー名

ec2-user

カスタムユーザー名を使用して接続するか、インスタンスの起動に使用される AMI のデフォルトユーザー名 ec2-user を使用します。

注意: ほとんどの場合、推測されたユーザー名に間違いはありませんが、AMI の使用手順を読んで AMI の所有者がデフォルトの AMI ユーザー名を変更していないか確認してください。

キャンセル　接続

◆EC2 Instance Connectからの接続

EC2 Instance Connectにて[接続]ボタンをクリックすると、すぐにWebブラウザ内でのインスタンスに接続されます。

●AWSでのWebブラウザ内でのインスタンスへの接続画面

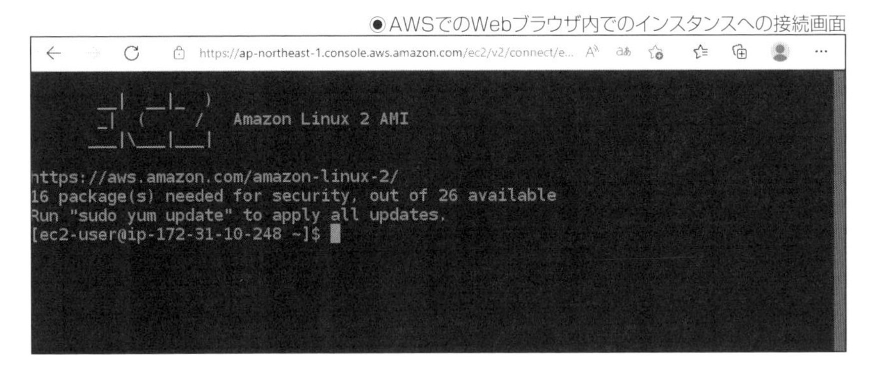

Azureのサーバーインスタンスに Webブラウザから接続する

Azureのサーバーインスタンスに Webブラウザから接続するためには、サーバーインスタンス画面内の「接続」から「Bastion」を選択します。Bastionは要塞という意味の英単語で、IT用語としては踏み台と訳されることが多いです。要するに、AzureでWebブラウザ上で接続するためには、Bastionを踏み台として経由して接続することになります。

なお、Bastionは有料サービスで、1時間あたり約20円の固定費用がかかります。またネットワーク転送量は5GB/月まで無料ですが、それを超えると従量課金が発生します。

●Bastionを使ってインスタンスへの接続

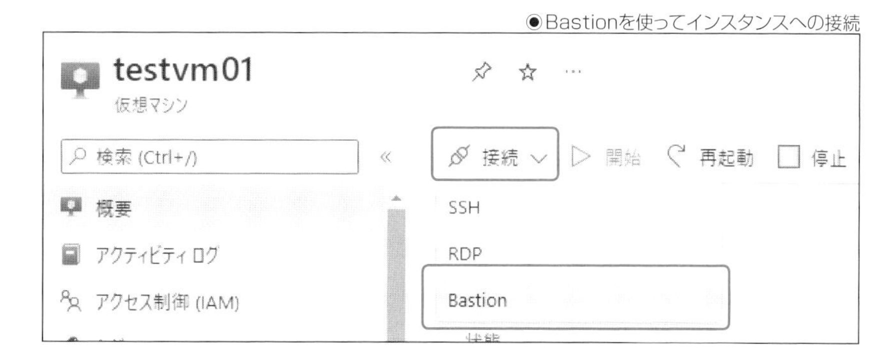

「既定値を使用してAzure Bastionを作成」ボタンをクリックします。

●Bastionの作成

すると数分待たされた後、仮想マシンへの接続情報を入力する画面が現れます。「ローカルファイル」には、あらかじめ用意しておいたキーペアのうち秘密鍵の入ったファイルを指定します。

●Bastionの設定

Azure Bastion を使用すると、仮想マシンを保護するため、それらをパブリック IP アドレスで公開せずにブラウザーベースの軽量の接続ができるようになります。デプロイすると、ご使用の仮想ネットワークのサブネットに自動的に Bastion ホストが作成されます。
詳細を表示

使用している Bastion: **testsvr01_group-vnet-bastion**、プロビジョニングの状態: **Succeeded**

Bastion を使用して接続するには、仮想マシンにユーザー名とパスワードを入力してください。

☑ 新しいブラウザー タブで開く

ユーザー名 *

azureuser

認証の種類 *

○ パスワード ○ SSH 秘密キー (間もなく非推奨) ◉ ローカル ファイルからの SSH 秘密キー
○ Azure Key Vault からの SSH 秘密キー

ローカル ファイル *

"mypairkey.pem"

詳細設定

接続

そして「接続」ボタンをクリックすると、Webブラウザ内でインスタンスに接続されます。

●AzureでのWebブラウザ内でのインスタンスへの接続画面

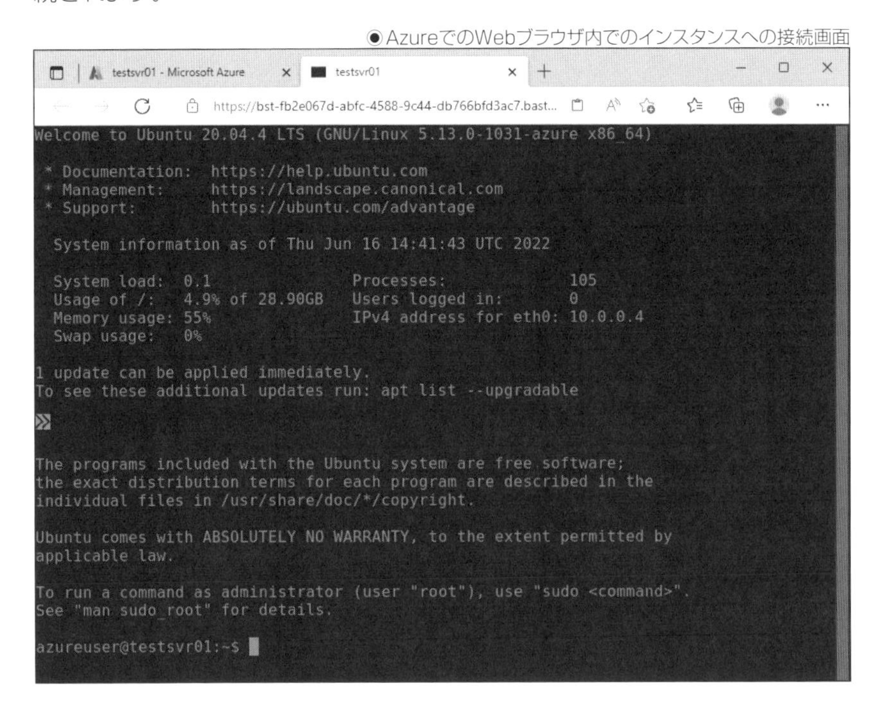

GCPのサーバーインスタンスにWebブラウザから接続する

GCPではVMインスタンス画面内で「SSH」もしくは「ブラウザウィンドウで開く」をクリックすると、直ちにWebブラウザ内でインスタンスに接続されます。

●VMインスタンス内でブラウザウィンドウで開くを選択

●GCPでのWebブラウザ内でのインスタンスへの接続画面

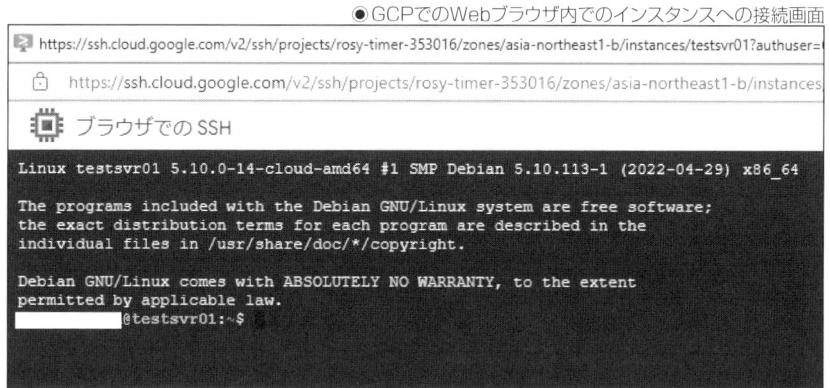

SECTION-34
サーバーインスタンスにSSHクライアントから接続する

続いて、サーバーインスタンスにSSHクライアントから接続する方法について紹介します。ここでは事前に用意しておいたキーペアのうち、手元に保管しておいた秘密鍵を用いてサーバーにログインできるようにします。

ターミナルソフトについて

サーバーインスタンスにSSHクライアントから接続する場合、ターミナルソフト（端末エミュレータともいう）を利用します。

◆ Windowsの場合

Wndowsの場合は、ターミナルソフトに秘密鍵をセットした上で、サーバー接続することができます。Windowsで有名なターミナルソフトには、Tera Term、PuTTY、RLoginなどがあります。

サーバー接続する際は接続するIPアドレス（もしくはDNS登録されている場合はFQDNでもよい）とログインするアカウント名の入力も必要となります。これらもターミナルソフトに登録しておくと便利でしょう。

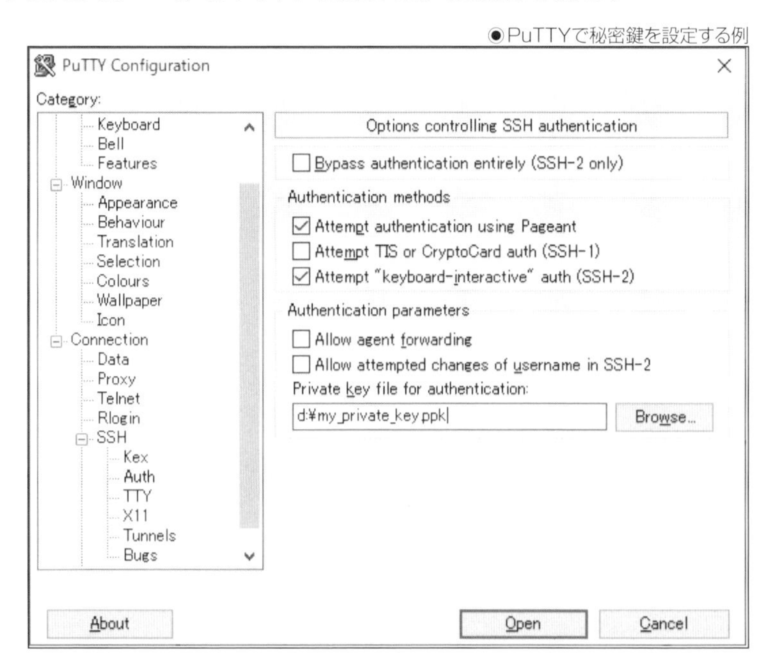

●PuTTYで秘密鍵を設定する例

◆Macの場合

Macの場合はOSに標準で搭載されているTerminalの他に、iTerm2などのターミナルソフトをダウンロードして利用することもできます。

●iTerm2で秘密鍵を使ってサーバーにログインする例

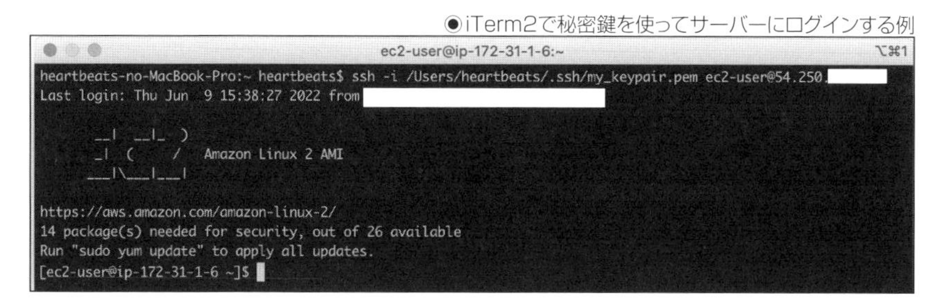

AWSのサーバーインスタンスにSSHクライアントから接続する

AWSでは「インスタンスに接続」の画面から「SSHクライアント」を選択します。するとサーバーインスタンスに接続する方法が表示されるのでそちらを参考にします。

SSHクライアントからサーバーインスタンスに接続するのに必要な情報は3つです。

- 接続ホスト(下図では「ec2-18-183~.compute.amazonaws.com」の部分)
- ログインID(下図では「ec2-user」)
- 秘密鍵のファイル(下図では「my_keypair.pem」)

●AWSのサーバーインスタンスにSSHクライアントから接続する

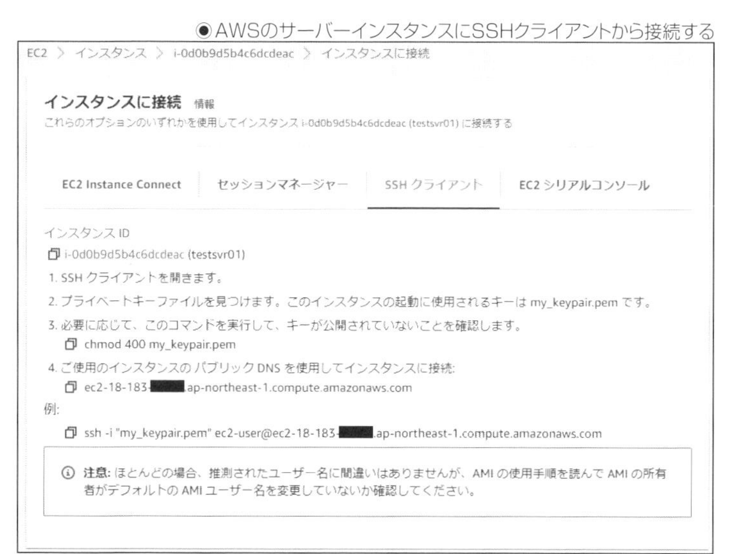

Azureのサーバーインスタンスにクライアントから接続する

Azureではサーバーインスタンス画面内の「接続」から「SSH」を選択します。するとサーバーインスタンスに接続する方法が表示されるのでそちらを参考にします。

SSHクライアントからサーバーインスタンスに接続するのに必要な情報は3つです。

- 接続ホスト（下図では「52.253.〜」の部分）
- ログインID（下図では「azureuser」）
- 秘密鍵のファイル（下図では「azureuser.pem」）

● Azureのサーバーインスタンスにクライアントから接続する

RDP　SSH　Bastion

SSH を使用してクライアントと接続する

1. WSL on Windows または Terminal on Mac など、選択したクライアントを開きます。
2. 秘密キーへの読み取り専用アクセス権を持っていることを確認します。

```
chmod 400 azureuser.pem
```

3. SSH 秘密キー ファイルへのパスを入力します。Replace/reset your SSH private key. ⓘ

秘密キーのパス

~/.ssh/azureuser

4. VM に接続するには、次のサンプル コマンドを実行します。

```
ssh -i <秘密キーのパス> azureuser@52.253
```

接続できない場合

接続のテスト

SSH の接続の問題のトラブルシューティング

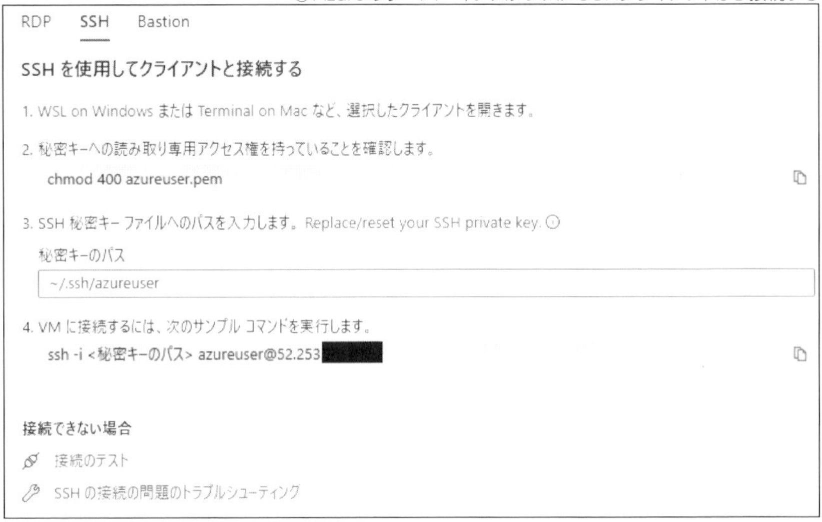

GCPのサーバーインスタンスにSSHクライアントから接続する

GCPでは、接続対象となるVMインスタンスのページにサーバー接続情報が表示されるのでそちらを参考にします。

SSHクライアントからサーバーインスタンスに接続するのに必要な情報は3つです。

- 接続ホスト(下図では「34.84.~」の部分)
- ログインID(下図では「testuser」)
- 秘密鍵のファイル(下図でSSH認証鍵として登録されている公開鍵に対応した秘密鍵)

もしSSH認証鍵が何も登録されていない場合は、手動で公開鍵を登録します。

●GCPのサーバーインスタンス接続ホストのIPアドレス情報

●GCPのサーバーインスタンス接続ホストのSSH認証鍵

SECTION-35

作成した各種リソースの停止もしくは終了

使い終わった後は必ず各種リソースを停止もしくは終了する習慣をつけるのがよいです。使っていないからといって放置していると、意図しない課金が発生する恐れがあります。

使い終わったリソースの一括削除

各クラウドごとに使い終わったリソースを一括削除する方法を紹介します。ここではWebコンソールを使います。

◆ AWSでのリソースの一括削除

AWSでは、AWSアカウント配下に1つのアプリケーションだけ置かれる環境と複数のアプリケーションが置かれる環境とに分かれると思います。

前者の場合は、AWS上に残っているすべてのリソースを1つひとつ手作業で削除します。この場合、削除する順番に注意します。順番を間違えるとエラーが出て先に進めないか、もしくは消し忘れが発生して気づかないままリソースが残り続ける可能性があります。

後者の場合は、それぞれのアプリケーションで使っているリソースを明確に区別できるようにしておく必要があります。この方法は主に2つあります。

- 各リソースにアプリケーション名のタグを振る。そのようにしておくと、別途リソースグループを作成すると特定タグが振られたリソースのグループだけ一覧表示できるようになる。
- 各リソースの名前に命名規則を適用し、リソース名を見てアプリケーションを区別する(例: billsys-dev-ec2)。

ところで、AWSの場合アカウントを解約してもアクティブなリソースがすべて自動的に終了するわけではありません。アカウントを解約した後でも、アクティブな一部のリソースに対して引き続き料金が発生する可能性があります。よく消し忘れるものの例としてスナップショットなどがあります。

●AWSのリソースグループの例

◆ Azureでのリソースの一括削除

Azureでは作成したリソースがリソースグループという単位でまとまっているので、該当のリソースグループを削除すると関連するリソースが一括で削除されます。

もしくは、アプリケーションの利用終了後にサブスクリプションごと削除するという方法もあります。

●Azureのすべてのリソースの削除

ホーム >
すべてのリソース
既定のディレクトリ
＋ 作成　ビューの管理　更新　CSV にエクスポート　クエリを開く　タグの割り当て　削除
サブスクリプション == すべて　リソース グループ == すべて　種類 == すべて　場所 == すべて　フィルターの追加
0 セキュリティで保護されていないリソース
グループ化なし　リスト ビュー

名前	種類	リソース グループ	場所	サブスクリプション
azure_keypair_test	SSH キー	testsvr01_group	Japan East	azure subscription 1
mypairkey	SSH キー	testsvr01_group	Japan East	azure subscription 1
NetworkWatcher_japaneast	ネットワーク ウォッチャー	NetworkWatcherRG	Japan East	azure subscription 1
testsvr01	SSH キー	testsvr01_group	Japan East	azure subscription 1
testsvr01	仮想マシン	testsvr01_group	Japan East	azure subscription 1
testsvr01-nsg	ネットワーク セキュリティ グループ	testsvr01_group	Japan East	azure subscription 1
testsvr01141	標準のネットワーク インターフェイス	testsvr01_group	Japan East	azure subscription 1
testsvr01_disk1_ebff9976d5c143a9972ed035afebae90	ディスク	TESTSVR01_GROUP	Japan East	azure subscription 1
testsvr01_group-vnet	仮想ネットワーク	testsvr01_group	Japan East	azure subscription 1

◆GCPでのリソースの一括削除

GCPでは、作成したリソースがプロジェクトの単位でまとまっているので、該当のプロジェクトを削除すると関連するリソースが一括で削除されます。

●GCPプロジェクトでのシャットダウン

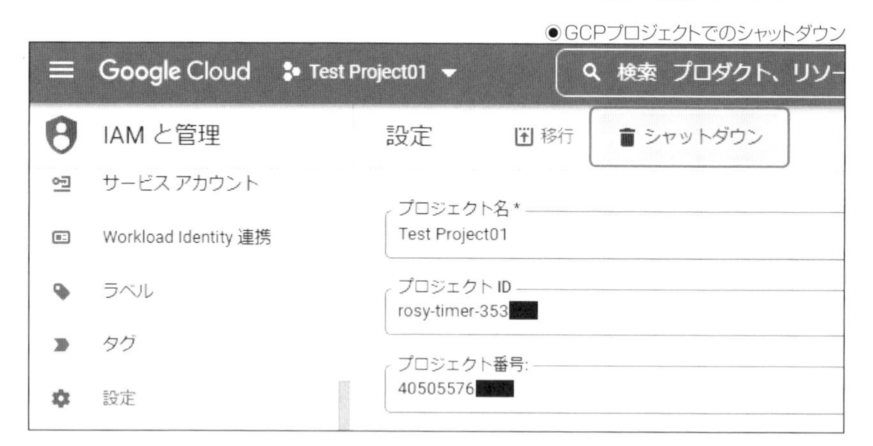

SECTION-36

サーバーインスタンスのログイン時に使うキーペアを事前登録する

本章の最後に、サーバーインスタンスのログイン時に使うキーペアを事前に登録する方法を紹介します。

サーバーインスタンスを作成するたびにキーペアを作成する方法だと、サーバーインスタンスの数だけ秘密鍵を手元で管理する手間がかかります。キーペアを事前に登録する方法であれば、1つの秘密鍵で複数のサーバーインスタンスに接続できるようになります。

キーペアを使ってサーバーにログインするためには、事前にクラウド側に公開鍵を登録しておきます。そしてサーバーにログインする際に、SSHクライアントに秘密鍵をセットしてサーバーログインすると、パスワードの入力不要でサーバーにログインできるようになります。

●秘密鍵と公開鍵を使ったサーバーログインのイメージ

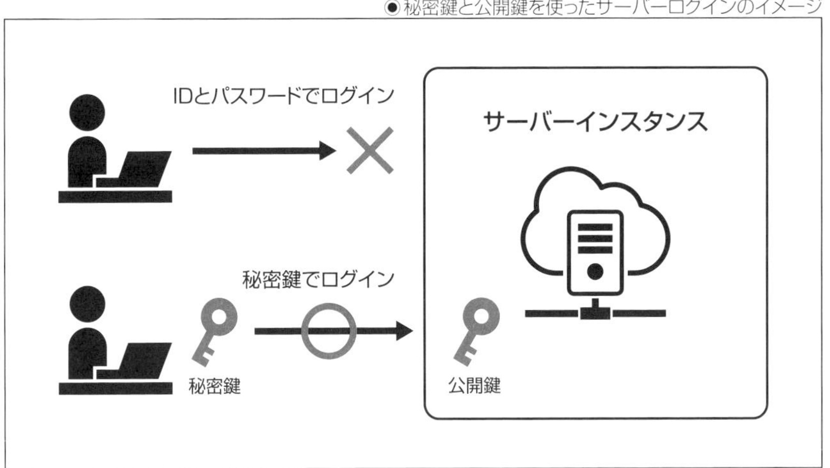

AWSで公開鍵をクラウドに登録する方法

AWSでは次の手順で公開鍵をクラウドに登録することができます。

❶ EC2サービスを選択します。

●EC2サービスの選択

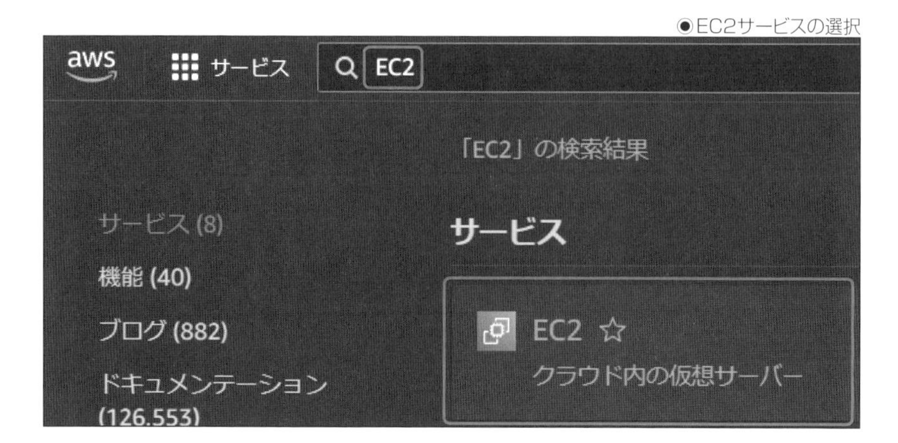

❷キーペアをクリックします。

●キーペアの選択

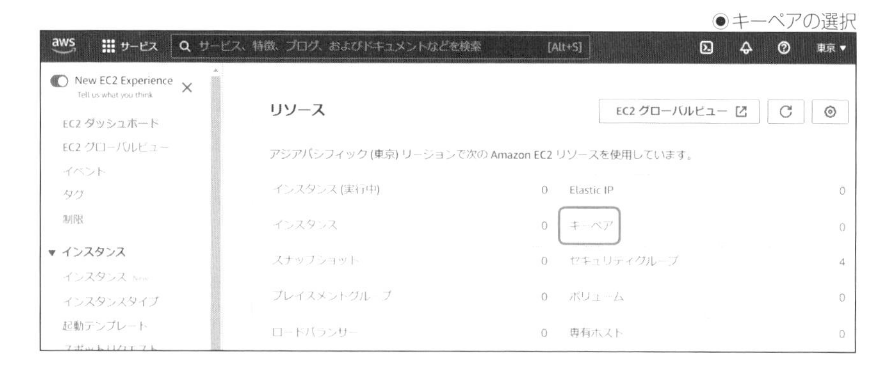

❸［キーペアを作成］ボタンをクリックします。

●［キーペアを作成］をクリック

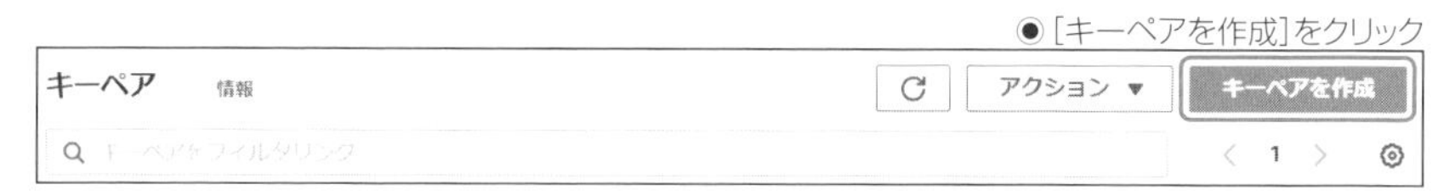

❹必要項目を入力・選択します。キーペアのタイプはとりあえず「RSA」を選んでおきます。プライベートキーファイル形式は、OpenSSHを使う場合は.pem形式を、SSHクライアントソフトにPuTTYを使う場合は.ppk形式を選択します。そして［キーペアを作成］ボタンをクリックします。

❺するとAWS側に公開鍵が保存され、かつ秘密鍵の含まれたファイルのみが自動的にダウンロードされます。

●キーペアを作成

この手順でクラウドにキーペアの登録が行えます。

Azureで公開鍵をクラウドに登録する方法

Azureでは次の手順で公開鍵をクラウドに登録することができます。

❶ SSHキーサービスを選択します。

●SSHキーサービスの選択

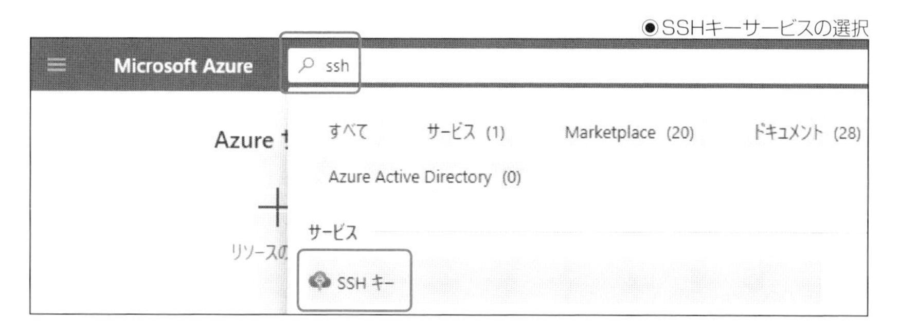

❷「作成」をクリックします。

●SSHキーの作成の選択

❸必要項目を入力します。

●SSHキーの作成

❹「確認および作成」をクリックし、「作成」とクリックします。

❺するとAzure側に公開鍵が保存され、かつ秘密鍵の含まれたファイルのみが自動的にダウンロードされます。

この手順でクラウドにキーペアの登録が行えます。

GCPで公開鍵をクラウドに登録する方法

GCPでは次の手順で公開鍵をクラウドに登録することができます。

❶ 次ページのCOLUMN「秘密鍵と公開鍵の作り方」を参照してあらかじめキーペアを作成しておきます。

❷ SSH認証鍵サービスを選択します。

●SSH認証鍵の選択

❸ [SSH認証鍵を追加] ボタンをクリックしてあらかじめ作成しておいた公開鍵ファイルを選択します。

●SSH認証鍵

この手順でクラウドにキーペアの登録が行えます。

秘密鍵と公開鍵の作り方

参考までに、自分で秘密鍵と公開鍵を生成する方法を紹介します。

OpenSSLがすでにインストールされている環境であれば、次の要領で秘密鍵と公開鍵を生成することができます。

●秘密鍵と公開鍵を作る方法の例（PEM形式ファイルの場合）

```
$ ssh-keygen -t rsa -f ./keypair.pem -b 2048
Generating public/private rsa key pair.
Enter passphrase (empty for no passphrase):
Enter same passphrase again:
Your identification has been saved in ./keypair.pem.
Your public key has been saved in ./keypair.pem.pub.
The key fingerprint is:
SHA256:3OlY8zNgompT4JHNUzlV2Ox+7Z1r8O6kd0WNARutzJ8 user@pc01
The key's randomart image is:
+---[RSA 2048]----+
|        o.=+o    |
|       + . ooo   |
|    + . . +.. o.|
|   + +. . .= . o|
|  . o .S B. . + |
|   . .. * +..E o|
|    .. . . +.oo+|
|   o.       oo=+|
|  ...       .=+o|
+----[SHA256]-----+

$ cat keypair.pem ← 秘密鍵
-----BEGIN RSA PRIVATE KEY-----
MIIEpAIBAAKCAQEAz7PjLmm18MKY4ad80sxzinMl4qcT0RHTDmi6NgKYo584cwxn
r/WxUCw5Pj49tJyosIE5XjswIw4D28v4aZaM7VWCjO45lFcJUVObYllfj9EmJWHy
G1Qktv8sWYFffY2Izqt1k4tmitXQkXAqHGqVIVDIpFP6Z5zppemhyx77H30zS5qM
tV7YuB/T0/3aVe+8WlB+OALENgAtoE19IuU4nUyM7bbdNbw1hqCmXqgi6lDVi/al
iSo52Xia+BYen3EKhr/wI73UFZLiv8F9EfdhQ0cjgGYlpq00qrGLFiKPfM+K4mYe
cdVTbHJ4te2ZSrstiFbTnRh+TGzS1aQt7lQrdwIDAQABAoIBAFPuWkhgGVCAIm1V
VCCO08XHwDB12ZErhcEV2uGGbQ35gkMjaSb2vr8qD7uyRRceEyC4J2mHu2z+9do0
814fozUoz8eJYKUsAqzlfy3f9bjVCHgku0QF3YxBUzecCu1ea0EwkiOcOkSyIEUV
MT8oZrj+vwWAlfiWtOgBoArHqyzOnTsEoITRqlAc4Mk92NS2lmDTxO3hScEgjOk2
qXSDbyftH+YkVKs6uQNrdfsFAyq0HuoIBpdcPyCGWsHvyXoYDeRO+WrzjziWp/3Q
```

```
km1XLqTCG7LB46C/PHDPjqOSCzmxxLrjzCgatkfUy6dGJsdjcTUCU0iGAUPDL4w0
nCluFdkCgYEA98Hwehh3vv327G4zm58vgO+ufg/wKCaNyps7orAFnFKRvu2EVztz
21quN9v9u1UxeiYmxuXAUa63C70l1G0BTS37iKp9QeWGj3pNXbLMwI8haeI+Cfu0
nFCAB34kNuxjG33fg2qUJj92wUpQc+j/iNpclqWPB0UOPh4LnlIKlHsCgYEA1pzQ
sfZOoNbPRr9iJ5ERCL2FtXnXFhtGmMmf2VDn/CbiIUkSS/uBqbxj3Xfqni6dhOyB
tZmYEdx2OaE+k1DwZuUgkWhxOKUNuKjUi1koXa0czGQ/iUBv4P8HJpcgabcXBtyR
58Wydw1YBJkAFTu9vq2nQeX6zEfU3ityx8rR6jUCgYEAzF+Z7E20scMzZhL91Vi5
yeVtDiY9mBE9k6z7w5bp+eqOuW2aZo7vYjnqTr/VDSwYlUdVY2rwezDhY/iSdSm6
Eh1lSXZBvxMELeTYXvt4NTucd4ieXoPYl70773JZk0jp9CqgLvrC3M4rOwT/Wq4P
5KckC0zksD2BozILqXzJp3MCgYAGPCgUA4PlSFhdRdIkNCK6jkcELrYA/mnepnzu
Y1taCAcp0GWnr3bk54Q/OuymC9Snt/dMv1mbqzwEEJswzHkvhBieINqpOqJbawxB
wCVcE1ty1LbD1gtqDf63MEzQxXD10hKrGSNGMi0MdSV7eHDayVDCqVvP84ZLrhd3
lnziwQKBgQCNPmNgejyyLEl20wfxYmlSTfY8ElGqkweAOHeiX2tjg4BHV0vYnkzH
I0XYk0PFATpH7rT6ZEQXhxleT9AsyMlOjzwXO5qKjzbal8CwkYAjz9QlPjb3evgL
j5tGb37gQaCz6xoDMuRk6G/H1riyi2kGgHSs+5OVHEVN9xVhxDXtAb==
-----END RSA PRIVATE KEY-----

$ cat keypair.pem.pub ← 公開鍵
ssh-rsa AAAAB3NzaC1yc2EAAAADAQABAAABAQDPs+MuabXwwpjhp3zSzHOKcyXip
xPREdMOaLo2ApijnzhzDGev9bFQLDk+Pj20nKiwgTleOzAjDgPby/hploztVYKM7j
mUVwlRU5tiWV+P0SYlYfIbVCS2/yxZgV99jYjOq3WTi2aK1dCRcCocapUhUMikU/
pnnOml6aHLHvsffTNLmoy1Xti4H9PT/dpV77xaUH44AsQ2AC2gTX0i5TidTIzttt01vDWGo
KZeqCLqUNWL9qWJKjnZeJr4Fh6fcQqGv/AjvdQVkuK/wX0R92FDRyOAZiWmrTSqsYsWIo98
z4riZh5x1VNscni17ZlKuy2IVtOdGH5MbNLVpC3uVCa4
```

このようにして生成した2つの鍵ファイルのうち秘密鍵を手元のPCに残し、公開鍵ファイルだけを各クラウドのWebコンソールなどから登録することで公開鍵暗号方式でログインできるようになります。

ところで、秘密鍵生成時にパスフレーズと呼ばれる設定を追加することもできます。パスフレーズは秘密鍵を暗号化するために用いられ、ユーザー視点ではサーバーログインのたびにパスフレーズの入力が求められるようになります。

この設定方法は本書では省略しているので、興味がある方は調べてみてください。

06 クラウドを試してみる

CHAPTER 07 クラウドを使ったシステムの費用

本章の概要

クラウドではインフラリソースを使った分だけ費用が発生します。クラウドサービスをうまく使えば安くインフラを使えそうだとは感じるものの、実際に使ってみないと総額でどのくらいの費用がかかるのかわかりにくと感じている方も多いと思います。そこで本章ではクラウドの費用を概算する方法を紹介します。

また、クラウドにはいろいろなサービスがあり、どのサービスを選ぶと安く使えるのかイメージがつきにくいです。そこで本章では特にIaaSとPaaSとを費用面で比較しながら、IaaSとPaaSをどのように使い分けるとよいかについても述べていきます。

SECTION-37

クラウドの費用についての基礎知識

ここではクラウドの費用についての基礎知識を説明します。

初期費用と維持費用

一般的に、費用には初期費用(イニシャルコスト)と維持費用(ランニングコスト)の2種類があります。初期費用は導入時などに1回だけ発生する費用のことを指します。それに対して維持費用は利用期間中に継続的に発生する費用のことを指します。

クラウドの場合は原則として初期費用は一切かからず、利用量に対して料金が発生する従量課金分が維持費用になります。なお、オンプレミスの場合は最初にサーバーなどの機器を購入する初期費用が費用の中心となります。

クラウドの料金体系

クラウドの料金体系には大きく分けて、利用した期間で費用が決まるサービスと利用した期間で費用が決まらない(利用した量や回数で都度費用が決まるもの)サービスの2つに分かれます。本章では前者を時間課金、後者を非時間課金と定義することとします。

◆時間課金の場合

時間課金の場合、費用総額は「利用する時間もしくは期間×単価」と比較的容易に計算できます。

例としては次のようになります。

- 仮想マシンインスタンスの利用
- ディスク容量の確保
- パブリックIPアドレスの確保

◆ 非時間課金の場合

非時間課金の場合、利用する量や回数を事前に予測できれば費用総額を見積もれますが、どの程度、使われるか実際にサービスが開始してみないとわからないことが多いため、一般的に費用を見積もるのが難しいです。

例としては次のようになります。

- ネットワーク通信量
- ディスクへの秒間の書き込みや読み込み回数（IOPS）
- バックアップ容量

オンプレミスからクラウドに移設する場合の費用についての注意点

オンプレミスからクラウドに移設する場合、非時間課金の費用を見積もりに入れ忘れると運用開始後に思ったより費用が大きくなってしまいます。もし実際に移行することになったら、あらかじめ移設元のネットワーク通信量や各種リソースの利用量などを確認しておき、その実績値をもとに予想費用を見積もるとよいでしょう。

費用見積もりの方法

ここでは時間課金と非時間課金とを組み合わせて費用を見積もる方法を紹介します。

費用を見積もる流れは次の通りです。

ステップ①──利用するリソースの料金ページを確認する

各クラウドベンダーの公式ページからリソースごとの料金が掲載されているページを開きます。

ステップ②──時間課金の計算をする

まずは比較的計算しやすい時間課金から見積もります。ここでは単価が「per/hour(1時間ごと)」「per/day(1日ごと)」「per/month(1カ月ごと)」のように表記されているものが対象となります。

ステップ③──非時間課金の計算をする

続いて非時間課金を見積もります。すでに稼働実績のあるサービスであればすでにアクセス数やネットワークトラフィック量などの実績値を参考にできるので、「実績値×単価」で予想費用を計算できます。

しかし、新規サービスの場合は実績値がないので何らかの方法で予測値を導き出してから予測値×単価で計算するか、もしくは時間課金の費用の何%かを見積もり費用と見なすという方法もあります。

筆者の場合、経験的にAWS上で数台のIaaSとApplication Load Balancer(ALB)とを利用するシンプルな構成の場合には、よほど特殊な環境でなければ、非時間課金の費用が時間課金の費用の20%を超えることはないため、時間課金の見積費用に20%を上乗せして見積もり総額と見なすことが多いです。ただし、これはあくまで感覚値のため注意してください。

各クラウドにはカリキュレーターという費用試算をするためのツールが用意されているので、そちらを利用して費用を見積もることも可能です。

- AWS料金見積りツール

URL https://calculator.aws/#/

- Azure料金計算ツール

URL https://azure.microsoft.com/ja-jp/pricing/calculator/

- Google Cloud Pricing Calculator

URL https://cloud.google.com/products/calculator?hl=JA

費用見積もりの実例

ここまではクラウドの費用の構成と見積もり方法について記してきました。ここからは費用見積もりの実例を示します。

ここではIaaSのみでインフラを構築する場合と、PaaSを組み合わせてインフラを構築する場合との費用比較を行います。PaaSを取り入れることによって2つの費用のバランスがどのように変化するかを見ていきます。

ここで示す例ではAWS上でLAMP(Linux+Apache+MySQL+PHP)環境を構築することとし、AWS東京リージョンでの価格表を基に費用を見積もるものとします(2022年6月執筆時点)。

なお、前述の通り、非時間課金については費用を正確に見積もることが難しいため、時間課金のみ見積もっています。

IaaSのみでインフラを構築する場合

まずはIaaSのみでインフラを構成する例を紹介します。ここではサービス可用性も考慮してサーバー冗長化を取り入れ、Webサーバー2台とDBサーバー2台の計4台構成としました。またWebサーバーの前段にはロードバランサーとしてApplication Load Balancer(ALB)を設置する構成としています。

●IaaSのみでインフラを構築する場合のサーバースペック

スペック	Webサーバー×2台	DBサーバー×2台
OS	CentOS	CentOS
CPU	2core	2core
メモリ	8GB	8GB
ディスク	128GB	128GB
インスタンスタイプ	m5.large	m5.large

IaaSのみでインフラを構築する場合は、機能別にサーバーを分けて構築する場合が多いです。これはオンプレミス環境をそのままクラウド環境に持ってきたような構成に近いともいえます。クラウドらしい点としては、Webサーバーの前段にロードバランサーを設置することで比較的容易にサーバー台数の増減(スケールアウト、スケールイン)ができるようになります。

◉IaaSのみを利用したシステム例

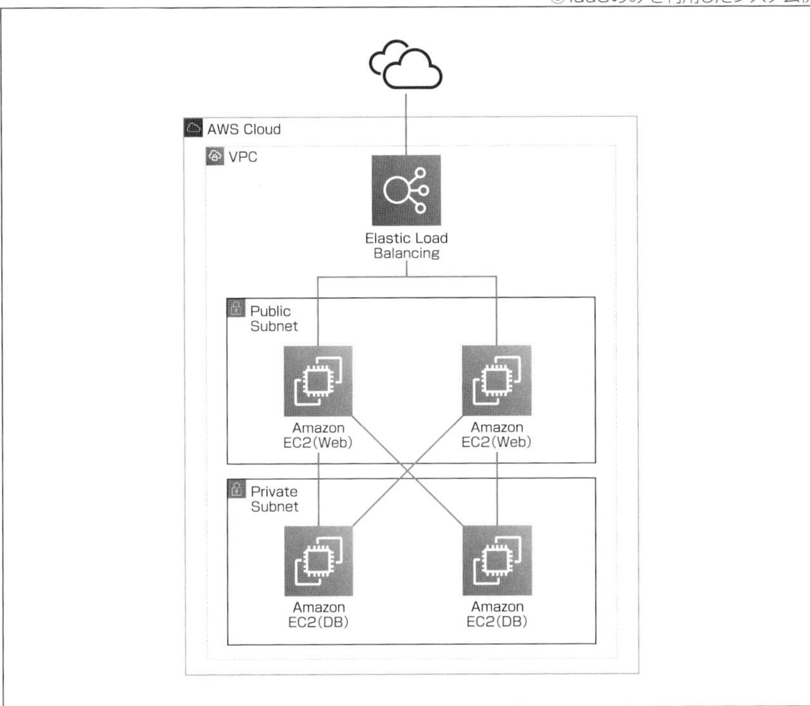

この構成で1カ月あたりの費用を見積もると次のような結果となりました。

- 時間課金の見積もり
  - Amazon EC2(仮想マシンインスタンスの利用)
    - m5.largeの単価 $0.124/時×24時間×30日×4台

=357.12 USD[1]

  - Amazon EBS(ディスク容量の確保)
    - gp2(汎用SSD)の単価 月ごと$0.12/GB×128GB×4台

=61.44 USD[2]

  - Amazon ELB(ロードバランサーの利用)
    - Application Load Balancerの単価 $0.0243/時×24時間×30日

=17.496 USD[3]

=436.056USD/月(≒5万2000円/月〜6万円/月)

[1]:単価の詳細は「https://aws.amazon.com/jp/ec2/pricing/on-demand/」を参照
[2]:単価の詳細は「https://aws.amazon.com/jp/ebs/pricing/」を参照
[3]:単価の詳細は「https://aws.amazon.com/jp/elasticloadbalancing/pricing/?nc=sn&loc=3」を参照

- 非時間課金の見積もり
  - Amazon EC2(Amazon EC2からインターネットへのデータ転送量)
    - 10TB/月までのアウトバウンド通信の単価 $0.114/GB ※ただし毎月100GBまでは無料[4]
  - Amazon EBS(バックアップ容量)
    - 月ごとのスナップショットの単価 $0.05/GB ※ただしスナップショットは変更差分のみ保存される[5]
  - Application Load Balancer(ロードバランサーの利用量)
    - LCU(Load Balancer Capacity Units……ALBの使用量の単位)時間(または1時間未満)あたりの単価 $0.008[6]

一部をPaaSに置き換えてインフラを構築する場合

続いてIaaSでのインフラ構成にPaaSを組み合わせて構成する例を紹介します。この構築例ではIaaSの事例にてDBサーバーとして構築していたMySQLの部分をPaaSサービスであるAmazon RDSに置き換えます。

IaaSでの構成例ではサービス可用性を向上させるためにDBサーバーを2台構成としましたが、PaaSではサービス可用性もクラウドベンダー側で管理されるためAmazon RDSを1セットの利用としています。

PaaSを利用するとサーバーやミドルウェアなどの管理をクラウドベンダーに任せられるため管理の手間が軽減します。

◉一部をPaaSに置き換えてインフラを構築する場合のスペック

スペック	Webサーバー×2台	Amazon RDS×1セット
OS	CentOS	—
CPU	2core	2core
メモリ	8GB	8GB
ディスク	128GB	128GB
インスタンスタイプ	m5.large	db.m5.large

[4]:単価の詳細は「https://aws.amazon.com/jp/ec2/pricing/on-demand/」を参照
[5]:単価の詳細は「https://aws.amazon.com/jp/ebs/pricing/」を参照
[6]:単価の詳細は「https://aws.amazon.com/jp/elasticloadbalancing/pricing/?nc=sn&loc=3」を参照

●IaaSとPaaSを組み合わせたシステム例

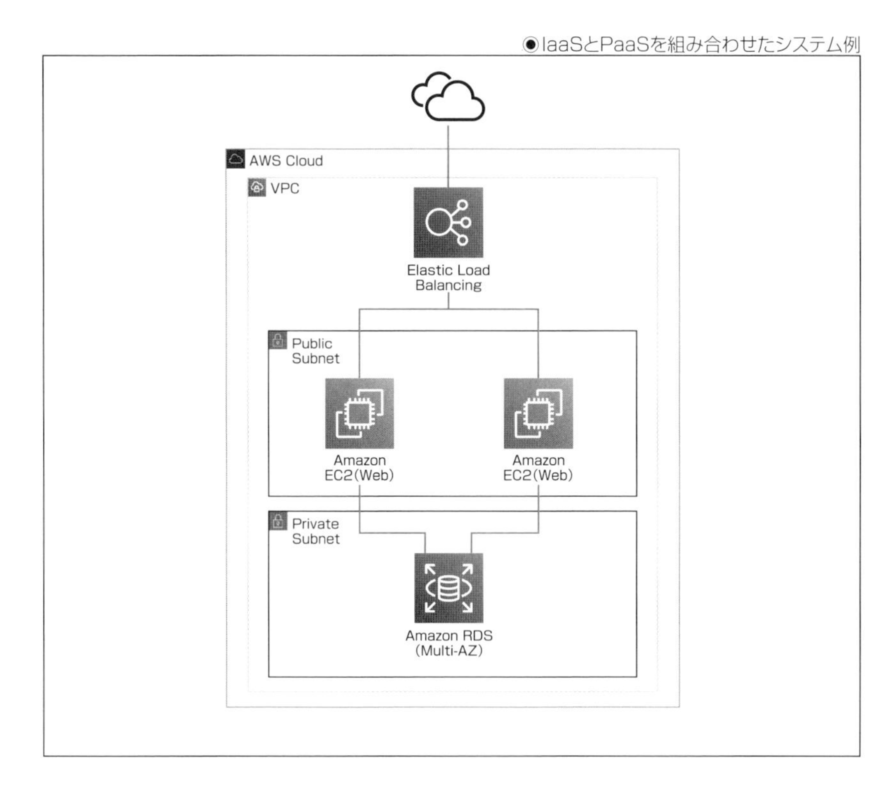

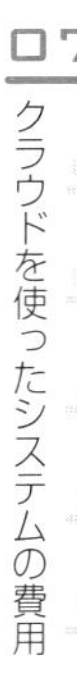

この構成で1カ月あたりの費用を見積もると次のような結果となりました。

- 時間課金の見積もり
  - Amazon EC2
    - m5.largeの単価 $0.124/時×24時間×30日×2台=178.56USD
  - Amazon EBS
    - gp2(汎用SSD)の単価 月ごと$0.12/GB×128GB×2台 =30.72USD
  - Amazon ELB
    - Application Load Balancerの単価 $0.0243/時×24時間×30日 =17.496USD

- Amazon RDS（PaaSベースのマネージドリレーショナルデータベース）
  - db.m5.large（Multi-AZ）の単価 $0.47/時×24時間×30日 =338.4USD
  - gp2（汎用SSD）の単価 月ごと$0.276/GB×128GB =35.328USD[7]

=655.944USD/月（≒7万8000円/月～8万8000円/月）

- 非時間課金の見積もり
  - Amazon EC2（Amazon EC2からインターネットへのデータ転送量）
    - 10TB/月までのアウトバウンド通信の単価 $0.114/GB ※ただし毎月100GBまでは無料
  - Amazon EBS（バックアップ容量）
    - 月ごとのスナップショットの単価 $0.05/GB ※ただしスナップショットは変更差分のみ保存される
  - Amazon RDS（Amazon RDSとAmazon EC2の間のデータ転送）
    - Amazon RDSとAmazon EC2が同一アベイラビリティーゾーン内であれば無料
    - Amazon RDSとAmazon EC2が異なるアベイラビリティーゾーンの場合、Amazon EC2リージョンデータ転送料金として送受信ともに$0.01/GB
  - Application Load Balancer（ロードバランサーの利用量）
    - LCU時間（または1時間未満）あたりの単価 $0.008

一部をPaaSに置き換えてインフラを構築する場合、時間課金についてはIaaSのみの場合に比べて費用が1.5倍ほど増えていることがわかります。ただしDBサービスの管理をクラウドベンダーにすべて任せることによる、見えない費用削減効果があることを見逃してはいけません。

[7]：詳細については「https://aws.amazon.com/jp/rds/mysql/pricing/」を参照

PaaSのみでインフラを構築する場合

最後にPaaSのみでインフラを構成する例を紹介します。IaaSでのWebサーバーをAPI GatewayとAWS Lambdaに置き換えます。また、AWS Lambdaのデータ保存用途としてAmazon EFSも利用します。

●PaaSのみを利用したシステム例

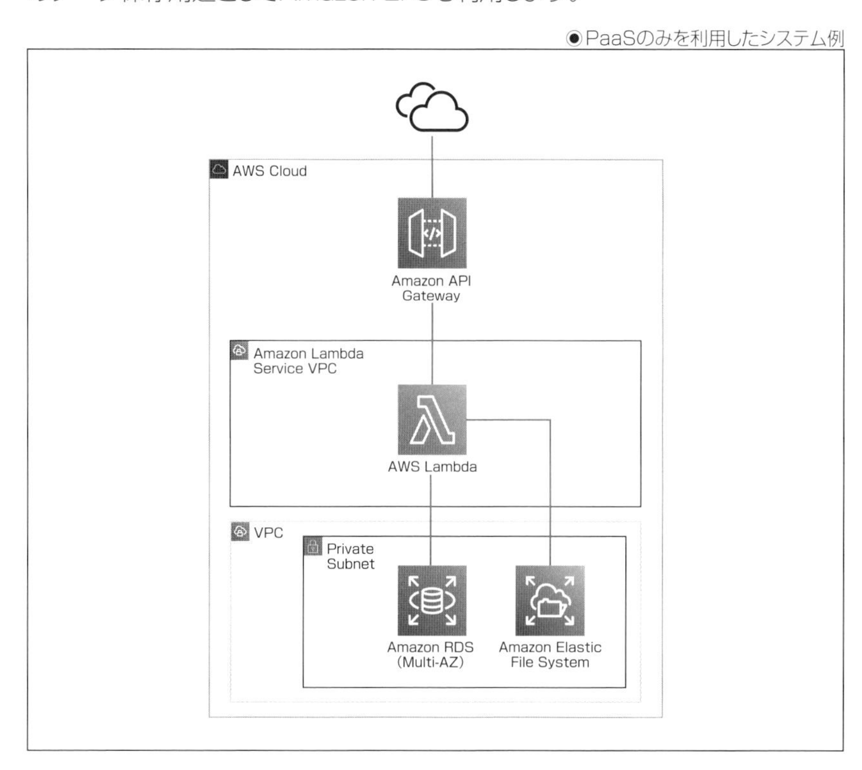

この構成で1カ月あたりの費用を見積もると次のような結果となりました。

- 時間課金の見積もり
  - Amazon RDS
    - m5.large(Multi-AZ)の単価 $0.47/時×24時間×30日 =338.4USD
    - gp2(汎用SSD)の単価 月ごと$0.276/GB×128GB =35.328USD

=373.728USD/月(≒4万5000円/月〜5万円/月)

- 非時間課金の見積もり
  - Amazon API Gateway(PaaSベースのAPIを作成、公開、維持、モニタリング、およびセキュア化するためのサービス)
    - 最初の3億まで100万リクエストあたりの単価 $1.29[8]
  - AWS Lambda(PaaSベースのサーバーレスサービス)
    - 利用したリソースの実行時間の単価 秒ごと$0.0000166667/GB
    - リクエスト100万件あたりの単価 $0.20[9]
    - 1カ月あたり、100万リクエストと40万GB/秒の実行時間までは無料
  - Amazon RDS(Amazon RDSとAWS Lambda間のデータ転送)
    - 送受信ともに$0.01/GB
  - Amazon CloudWatch Logs(PaaSベースの独自のアプリケーションやAWSサービスのログを収集して解析するサービス)
    - 収集の単価 $0.76/GB[10]
    - 保存の単価 $0.033/GB[10]
  - Amazon EFS(PaaSベースの分散ストレージサービス)
    - 標準ストレージの単価 月ごと$0.36/GB[11]
    - プロビジョニングするスループットの単価 月ごと$7.20/MB/秒[11]

このPaaSのみでインフラを構築した場合では、時間課金が少ない代わりに、利用する量や回数が増えれば増えるほど費用が増加します。費用削減のためにはアプリケーションの設計を工夫してPaaSの利用が最小限となるようにすることが重要となります。

[8]:単価の詳細は「https://aws.amazon.com/jp/api-gateway/pricing/」を参照
[9]:単価の詳細は「https://aws.amazon.com/jp/lambda/pricing/」を参照
[10]:単価の詳細は「https://aws.amazon.com/jp/cloudwatch/pricing/」を参照
[11]:単価の詳細は「https://aws.amazon.com/jp/efs/pricing/」を参照

IaaSとPaaSの使い分け

IaaSとPaaSでの費用の違いを押さえたとしても、いざ使おうとしたときにどちらを利用するほうがいいのか判断に困ることがあります。そこで、ここではIaaSにて「Amazon EC2上でMySQLを使用した場合」と、PaaSにて「Amazon RDS for MySQLを使用した場合」での比較を通して、いくつかの観点から違いを見てみます。

カスタマイズ性

IaaSではMySQLを自由にカスタマイズして使えます。

それに対してPaaSでは下記の制約の中で利用できます。

- サポートされているエンジンに指定があるため、外部のエンジンを利用できない[12]。
- MySQLのすべての機能がサポートされているわけではない[13]。
- RDSインスタンス作成時にrdsadminという管理者アカウントが発行されているが、そのアカウントにはfile、super、およびadmin権限がついていないため、一部のSQLが利用できない。ただし、代わりにプロシージャが用意されている場合もある[14]。

サービスの耐障害性を高めるための冗長化

IaaSでは、複数台の仮想マシンインスタンス上にMySQLをインストールしてMySQLのレプリケーション構成を取ります。レプリケーション構成とはMySQLの機能の1つで、更新系ノードのデータを複数のノードで整合性を持ちながら同期させる機能のことを指します。その上でHAProxy[15]やCorosync+Pacemaker[16]などクラスター制御のためのミドルウェアを利用してクラスター構成をとる方法が一般的です。

[12]：参考「https://docs.aws.amazon.com/ja_jp/AmazonRDS/latest/UserGuide/CHAP_MySQL.html#MySQL.Concepts.Storage」
[13]：参考「https://docs.aws.amazon.com/ja_jp/AmazonRDS/latest/UserGuide/CHAP_MySQL.html#MySQL.Concepts.Features」
[14]：参考「https://docs.aws.amazon.com/ja_jp/AmazonRDS/latest/UserGuide/Appendix.MySQL.SQLRef.html」
[15]：HAProxyとはTCP/HTTP Load Balancerを提供するオープンソースのミドルウェアのことです（http://www.haproxy.org）。
[16]：Corosync（https://corosync.github.io/corosync/）とPacemaker（https://clusterlabs.org/pacemaker/）はオープンソースのHAクラスターソフトとリソース制御ソフトウェアのことです。

それに対してPaaSでは、アベイラビリティーゾーンで冗長化するためのMulti-AZオプションが存在しているため、利用者はこのオプションを有効化するだけで冗長化できます。利用者が特に関与しなくても外部のオブザーバーによってインスタンスが監視され、スプリットブレインと呼ばれるクラスター内の待機系を含んだ複数のノードが誤って同時に稼働系として振る舞ってしまう状態が起きないようにしてくれます。

COLUMN

Amazon RDSのリードレプリカ機能について

Amazon RDSにはリードレプリカと呼ばれる読み取り専用のデータベースを提供する機能があります。この機能を有効化することで、参照しかできないデータベースを増やすことができます。

リードレプリカを用いる場合、エンドポイントとしてデータ書き込み用とデータ読み込み用の2つが用いられます。エンドポイントとはAmazon RDS外から接続する場合の接続先のことです。

バックアップとリストア

重要なデータが格納されることが多いデータベースの運用では避けて通れない、バックアップとリストアについて考えてみます。

IaaSとPaaSではいずれもMySQLが使われているため、バックアップとリストアは基本的に同じ仕組みが利用されます。ただし、PaaSでは運用を楽にする便利な機能がいくつか用意されています。

◆バックアップ

MySQLのバックアップでは、データベースのファイルをまるごとバックアップする方法、mysqldumpなどを用いてダンプファイルを生成する方法、もしくはバイナリログを生成してPITR(Point In Time Recovery)と呼ばれる特定の時刻のデータの状態をリストアする機能を利用する方法などを用いた、ファイルベースのバックアップがよく用いられます。

クラウドではファイルベースのバックアップに加えて、ディスクのスナップショット機能を利用する方法もあります。この機能を使うとスナップショット実行時点のディスクの状態を1つのイメージとして保存することができます。

IaaSでは、基本的にユーザー自身でバックアップの仕組みを用意する必要があります。ファイルベースのバックアップを利用する場合はバックアップの設定からバックアップされたファイルの管理まですべてユーザー自身で行います。

もし、クラウドに用意されているスナップショット機能をIaaSで用いる場合は、仮想マシンインスタンスのディスクのイメージを作成してバックアップとして利用します。ただし、この場合、スナップショット時にアプリケーションのディスクの読み書きのタイミングが考慮されていないことから、スナップショット取得前に一時的にデータベースの更新を止めておかないとデータベースの整合性に問題が生じる可能性があります。

それに対してPaaSでは、例として取り上げているAmazon RDSにおいてはファイルベースのバックアップで用いられるPITR機能があらかじめオプションとして用意されているので便利です。また、バックアップデータとその世代数の管理もクラウド側の機能で提供しています。この機能はディスクの使用量の上限を気にする必要がなく安心です。

もし、クラウドのスナップショット機能をAmazon RDSで用いる場合は、スナップショット時にアプリケーションのディスクの読み書きのタイミングが考慮されていることから、データベースを止めずにスナップショットを取得できます。特にMulti-AZを利用した場合にはスタンバイ側でスナップショットを作成するため、スナップショット時にアクティブ側で一時的にディスクの読み書きが遅くなるといったこともありません。

◆リストア

IaaSでは、リストアに関連する一連の操作をユーザー自身で行います。ファイルベースのバックアップから復元する場合には通常サーバーにログインして対応する必要があります。スナップショットから別のディスクを作成してデータをリストアする操作自体はクラウドのコンソールから操作できますが、MySQLの起動やディスクの接続などはユーザーがサーバーにログインして対応する必要があります。

それに対してPaaSでは、クラウド側の機能で用意された画面から、PITRによる特定時間までのデータを持つインスタンスの作成や特定のスナップショットから別インスタンスの立ち上げを行えるため、リストアを簡単に行えます。

このように整合性を保ったバックアップとそのリストア方法がクラウド側であらかじめ用意されているという点がPaaSの良いところです。

ログの取得

AWSの場合、ログを管理できるAmazon CloudWatch Logsと呼ばれるサービスが提供されているためそれを利用する前提で考えます。

IaaSでは、仮想マシンインスタンスにCloudWatch Logsエージェントを導入し設定することでログデータが自動的にCloudWatch Logsに転送されます。ただし、CloudWatch Logsエージェントが常に正しく動作する保証がないので、エージェントのエラーについても考慮する必要があります。

それに対してPaaSでは、ログがCloudWatch Logsに転送されるオプションが用意されているため、そのオプションを有効にするだけで設定を行えます。

セキュリティ脆弱性の対処

IaaSでは、セキュリティ脆弱性に関する対応をユーザー自身で行います。具体的にはOSやMySQLのセキュリティパッチ適用などのタスクが不定期に発生します。

それに対してPaaSでは、クラウドベンダー側がセキュリティ脆弱性対策を施したバージョンが提供された後にアップデートが行えるようになるので適切なタイミングでアップデートを行います。ただし、新しいバージョンがリリースされるまでには若干時間がかかることが一般的です。

費用

Amazon EC2とAmazon RDSでの時間課金の費用の違いを見てみます。

●Amazon EC2(IaaS)

サービス	費用
m5.large	0.096USD/時
ディスク	0.096USD/GB

●Amazon RDS(PaaS)

サービス	費用
db.m5.large	0.235USD/時
ディスク	0.138USD/GB

時間課金の単純比較では、IaaSに比べPaaSでは2倍以上の費用がかかることがわかります。

リソースごとの性能の上限

クラウドでは選定するリソースごとに性能の上限が決められているものがあります。たとえば、Amazon RDSではディスクサイズに応じてIOPS（秒間の書き込みや読み込み回数）の最大値が決められています。

よって単に必要な実容量を満たすディスク容量だけを考えればよいわけではなく、必要なIOPS性能も満たすように選定する必要があることに注意してください。オンプレミスのDBサーバーからRDSに移行する際などに単純なデータ容量だけでディスクサイズを決めてしまうと、性能面で問題になることがあります。

IaaSとPaaSの使い分けのまとめ

運用の難しい部分の多くをクラウド側に任せられることを考えると、PaaSが利用できる部分であればできるだけPaaSを利用するほうがよい場合が多いです。PaaSであれば最初からフェイルセーフな設計になっており、利用者がそこを気にしなくてよくなるのも大きなメリットです。

ただし、利用するシステムによってはPaaSの機能に制約があってPaaSが使えない場合があります。また、システム性能や運用などを厳密に管理する必要がある場合もPaaSが使えない場合があります。そういった場合にはPaaSでのメリットを捨ててでもIaaSを選定することも考えるべきでしょう。

なお、PaaSのサービスは日々進化しているため、今、PaaSでできないことでも、今後はPaaSでできるようになる可能性は十分にあります。

PaaS利用時に注意すること

PaaSを利用するシステムの初期の開発フェーズではクラウドではなく自分のPC上のローカル環境で動かしたいというニーズが発生することがあります。この目的のために各クラウドベンダーにてPaaSの環境をローカルに再現するための仕組みが用意されています。

たとえば、AWS Lambdaでは「sam local start-lambda」と呼ばれる仕組みを利用することで、ローカル環境上にAWS Lambdaの実行環境を作成できます[17]。

PaaSの制約は実際にクラウド環境上で動かすまで気づけないこともあります。何度も作り直しが起こる可能性があるのでInfrastructure as Codeなどを利用して検証環境を繰り返しすぐに作れるようにしておくとよいでしょう。

インフラだけで完璧な構成を考えたとしても開発がうまくいかなければ運用を続けるのが大変になります。そのためPaaSの利用を考える場合には開発側とも連携し、構成を検討するようにします。

本章のまとめ

PaaSは本来ユーザーが管理するべき部分の多くをクラウドベンダーが肩代わりしてくれるため、本来自分たちがすべきシステム開発/運営に集中できます。ただし、PaaSは機能に制約があるため、それらの制約が問題になる場合にはIaaSを利用します。

時間課金では、IaaSよりもPaaSの方が便利な機能が豊富な代わりに、概して単価が高いです。

非時間課金では、使えば使うほど課金が発生します。特にPaaSの場合、IaaSにはない便利な機能が多く、従来のIaaSとは違った使いこなしが求められます。アプリケーションの設計を工夫してPaaSのリソースを効率よく利用するようにすることが重要です。

費用と要求仕様を見比べてIaaSとPaaSを便利に使っていくようにしましょう。

[17]：参考「https://docs.aws.amazon.com/ja_jp/serverless-application-model/latest/developerguide/sam-cli-command-reference-sam-local-start-lambda.html」

CHAPTER 08 クラウド上でWindowsを扱う

本章の概要

本章では、WindowsのおさらいをしながらクラウドでのWindowsの扱いについて説明していきます。

WindowsにはサーバーOSとクライアントOSが存在します。クラウドによってはいずれにも対応していますが、本章ではサーバーOSであるWindows Serverを対象とします。

また、本章ではWindows Server 2019を題材として例示しています。OSのバージョンが異なると若干操作方法が異なる場合があります。

SECTION-41
クラウド上でWindowsを扱う際の基礎知識

ここでは、クラウドでWindowsを扱う際に事前に知っておきたい基礎知識を説明します。

ローカルユーザーアカウントとドメインユーザーアカウント

Windowsでサインインするためにはユーザーアカウントが必要となります。アカウントには、ローカルユーザーアカウントとドメインユーザーアカウントの2種類があります。

構築するシステム内にWindowsサーバーインスタンスが1台しかないスタンドアローン環境であればローカルユーザーアカウントを利用するのがよいですが、複数台のサーバーインスタンスを用いる場合はActive Directoryを用いたドメイン環境上でドメインユーザーアカウントとして一括管理するのが便利です。

●スタンドアローン環境とドメイン環境の違い

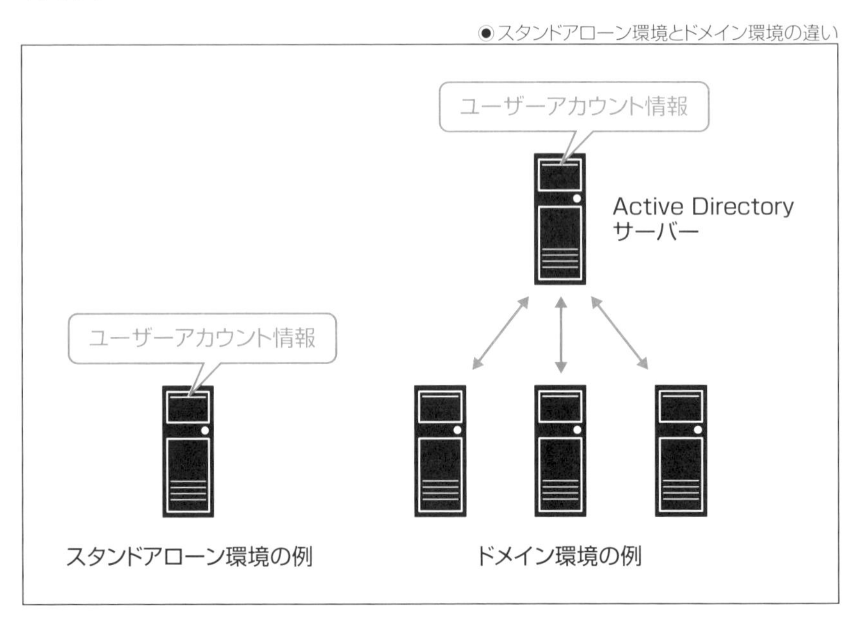

サービス

常時起動するアプリケーションはサービスとして登録されているものが多いです。サービス管理ツールを使って特定サービスをスタートアップの種類を自動にしておくとOS起動時にサービスが自動起動します。

REFERENCE

▶ services.msc
サービス管理ツールを実行するコマンド

イベントログとログファイル

Windowsでは各種ログがイベントログに集約されています。イベントログはイベントビューアーで閲覧することができます。ただし、アプリケーションによってはそのアプリケーション配下のフォルダにテキストファイルとしてログファイルが吐き出されるものも多いです。

REFERENCE

▶ eventvwr
イベントビューアーを実行するコマンド

コマンドプロンプトとPowerShell

Windowsをコマンド操作する手段としてコマンドプロントやPowerShell上でコマンドを実行する方法があります。

コマンドプロンプトとPowerShellのいずれもコマンドラインシェルとスクリプト言語が一体化されたものです。Windows上の各種操作をコマンドベースで実行したり、実行するコマンドをスクリプト化して実行ファイルとして利用することもできます。

コマンドプロンプトは初期のWindowsの時代から利用できたのに対して、PowerShellはWindows 7リリース時に登場した比較的新しいシェル言語です。コマンドプロンプトで利用できたコマンドの多くがPowerShellでも利用可能ですが、上位互換言語というわけでもないため、いまだにコマンドプロンプトとPowerShellの両方が使えるようになっています。

REFERENCE

▶ cmd
コマンドプロンプトを開くコマンド

▶ powershell
PowerShellを開くコマンド

Windows OSのライセンス

Windowsは商用OSであるためライセンス管理が厳格です。ライセンス違反にならないように注意する必要があります。

クラウドではサーバーインスタンスにWindows OSのライセンスが含まれるため、通常利用では特にWindows OSライセンスについて意識しなくてよい場合が多いです。クラウドではMicrosoft Services Provider License Agreement(SPLA)といった特別なライセンス体系が適用されます。

SPLAとはクラウドベンダーなどが第三者のエンドユーザーにサービスを提供することができるライセンス体系で、最新バージョンの利用が可能、Windows Server CAL(Client Access License)の購入が不要などの特徴があります。

もしすでにWindows OSのライセンスを所持している場合はクラウドに持ち込んで使える場合もあります。さまざまなケースがあるので、どのライセンスをどのように持ち込めるかはよく確認する必要があります。心配な場合はクラウドベンダーやマイクロソフト社に問い合わせるのが安全です。

SECTION-42

リモートデスクトップ接続

WindowsはGUIベースで操作するOSなので、リモートデスクトップ経由でOSにサインインして各種操作を行うのが一般的です。

クライアントからWindows Serverにリモートデスクトップ接続する

Windowsクライアントから Windowsサーバーにリモートデスクトップ接続するときは、リモートデスクトップ接続ツールを実行します。

コンピューターには、接続するサーバーのIPアドレスもしくはFQDN(例：winsvr01.example.com)を入力します。ユーザー名には、サインインするユーザー名を入力します。ここでは、ドメイン加入している環境では「ドメイン名¥ユーザー名」、ドメイン加入していない環境では「ユーザー名」もしくは「コンピューター名¥ユーザー名」を入力します。

REFERENCE

▶ mstsc
クライアント側でリモートデスクトップ接続を開くコマンド

●リモートデスクトップ接続

リモートデスクトップの同時接続数制限とライセンス

Windows Serverでは、リモートデスクトップの同時接続数が管理目的で2セッションまで許可されます。ただし、OSの初期状態では1セッションまでの利用に制限されているので、2セッションまで使いたい場合はこの制限を解除する必要があります。

もし同時接続数が3セッション以上になる場合は、リモートデスクトップのライセンスを購入した上で、リモートデスクトップセッションホスト機能を有効化する必要があります。

ライセンスを適用する流れとしては、リモートデスクトップを利用するユーザー数もしくはデバイス数分のライセンスを購入した後、Windows上でリモートデスクトップセッションホスト機能を有効化し、かつリモートデスクトップライセンスマネージャーを構築した後、購入したライセンスをインストールします。なお、接続ユーザー数ライセンスを適用する場合は後述するようにActive Directory環境が別途必要となります。

よく誤解されますが、リモートデスクトップセッションホスト機能を有効化する場合に必要なライセンス数は、同時に接続される最大同時接続数ではなく、リモートデスクトップ接続をする可能性があるユーザーもしくはデバイスの総数であることに注意が必要です。たとえば、100人いる会社において、仮にリモートデスクトップ接続する可能性があるユーザー数が40人、同時にリモートデスクトップ接続する最大人数が5人であった場合、購入が必要な接続ユーザー数ライセンスは5ではなくて40となります。

●同時接続数ごとの設定方法の比較

同時接続数	ライセンスの購入	リモートデスクトップサービスセッション数の制限を無効化	リモートデスクトップセッションホスト機能の有効化	リモートデスクトップライセンスマネージャーの構築（および購入したライセンスのインストール）
1	不要	不要	不要	不要
2	不要	必要	不要	不要
3以上	必要	必要	必要	必要

リモートデスクトップのライセンスについて

リモートデスクトップのライセンスには「接続ユーザー数」ライセンスと「接続デバイス数」ライセンスがあります。

◆接続ユーザー数ライセンス

利用するユーザー数分のライセンスが必要となります。利用にはActive Directory環境が必須となります。接続ユーザー数ライセンスを保持しているライセンス数を超えて過剰割り当てすることもできますが、これはリモートデスクトップライセンス契約違反となります。

◆接続デバイス数ライセンス

利用されるデバイス数分のライセンスが必要となります。接続ユーザー数ライセンスと違って接続デバイス数ライセンスを保持しているライセンス数を超えて過剰割り当てすることはできません。

RDS CALとRDS SALについて

リモートデスクトップライセンスにはRDS CAL(Remote Desktop Service Client Access License)とRDS SAL(Remote Desktop Service Subscriber Access License)の2種類があります。

◆RDS CAL

オンプレミス環境でも使われているライセンスです。RDS CALをクラウドで使ってもライセンス的に問題がないかはクラウドベンダーによって条件が異なるため念のため確認しておくと安全です。RDS CALライセンスの購入はSPLAの販売代理店もしくはマイクロソフト社のホームページから行う必要があります。クラウドベンダーでは直販していません。

◆RDS SAL

クラウド専用のライセンス形態です。RDS SALではライセンスをユーザーに対して割り当てます。接続ユーザー数ライセンスのみ提供されているため、接続デバイスライセンスが選べない点にも注意してください。RDS SALを使うためにはActive Directory環境が必要となります。RDS SALライセンスは月額課金制のライセンスとなり、クラウドベンダーの追加オプションとして提供されているサービスを使うか、もしくは販売代理店と契約を結ぶ必要があります。

●リモートデスクトップのライセンス比較

	接続ユーザー数ライセンス	接続デバイス数ライセンス	ライセンス形態	備考
RDS CAL	○	○	買い切り	
RDS SAL	○	×	月額課金	クラウド専用ライセンス
備考	Active Directory必須			

●マイクロソフト社のホームページからRDS CALを購入する例

リモートデスクトップサービスセッション数の制限を無効化する方法

OSの初期状態では、リモートデスクトップサービスセッション数が1に制限されているので、これを無効化します。

❶ ローカルグループポリシーエディターを起動します(gpedit.mscコマンドの実行など)。

❷ 左ペインより、[コンピューターの構成]→[管理用テンプレート]→[Windowsコンポーネント]→[リモートデスクトップサービス]→[リモートデスクトップセッションホスト]→[接続]の順に展開します。

❸ [リモートデスクトップサービスユーザーに対してリモートデスクトップサービスセッションを1つに制限する]をダブルクリックし、無効に変更します。

●ローカルグループポリシーでの設定

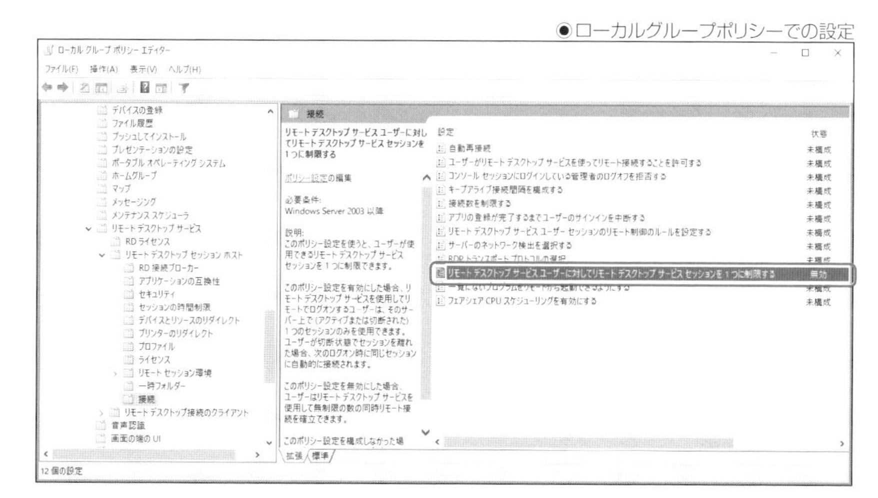

リモートデスクトップセッションホスト機能を有効化する方法

同時接続が3セッション以上になる場合はリモートデスクトップセッションホスト機能を有効化します。なお、これを有効化すると、購入したライセンスを猶予期間の120日以内にリモートデスクトップライセンスサーバーへインストールしないとリモートデスクトップ接続ができなくなります。

❶ サーバーマネージャーを起動します(servermanager.exeコマンドの実行など)。

❷ [管理]→[役割と機能の追加]を選択します。

❸ [役割ベースまたは機能ベースのインストール]をONし、[次へ(N)]ボタンをクリックします。次の画面では、そのまま[次へ(N)]ボタンをクリックします。

●役割と機能の追加

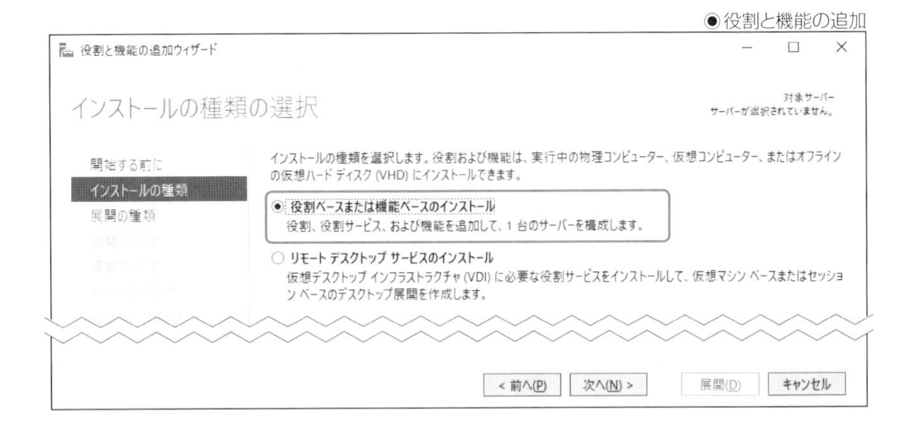

❹[リモートデスクトップサービス]もしくは[Remote Desktop Services]をONにし、[次へ(N)]ボタンをクリックします。次の画面から3回、[次へ(N)]ボタンをクリックします。

❺「役割サービスの選択」画面で、[リモートデスクトップセッションホスト]もしくは[Remote Desktop Session Host]をONにします。管理ツールの追加が求められたら[機能の追加]ボタンをクリックし、[次へ(N)]ボタンをクリックします。

●リモートデスクトップライセンスとリモートデスクトップセッションホストの追加

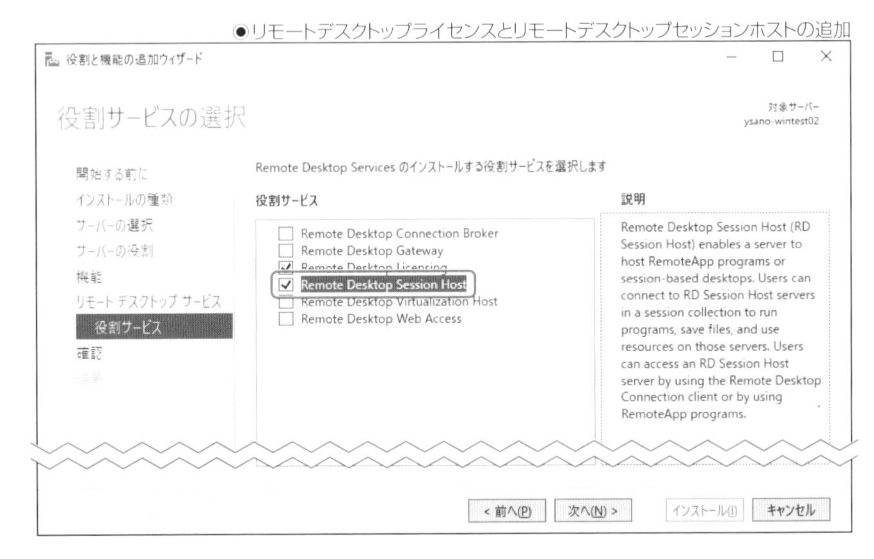

❻[必要に応じて対象サーバーを自動的に再起動する]をONにし、[インストール(I)]ボタンをクリックします。

リモートデスクトップライセンスマネージャーの構築とライセンスインストール方法

リモートデスクトップライセンスマネージャーの構築とライセンスインストールは次の手順で行います。

❶ ローカルグループポリシーエディターを起動します（gpedit.mscコマンドの実行など）。

❷ 左ペインより、[コンピューターの構成]→[管理用テンプレート]→[Windowsコンポーネント]→[リモートデスクトップサービス]→[リモートデスクトップセッションホスト]→[ライセンス]の順に展開します。

❸ [指定のリモートデスクトップライセンスサーバーを使用する]をダブルクリックして有効に変更し、かつ使用するライセンスサーバーを指定します。

●指定のリモートデスクトップライセンスサーバーを使用する

指定のリモート デスクトップ ライセンス サーバーを使用する

指定のリモート デスクトップ ライセンス サーバーを使用する　前の設定(P)　次の設定(N)

○未構成(C)　コメント:
◉有効(E)
○無効(D)

サポートされるバージョン:　Windows Server 2003 Service Pack 1 以降

オプション:

使用するライセンス サーバー:

複数のサーバー名を指定するにはコンマで区切ってください。

例: Server1,Server2.example.com,192.168.1.1

ヘルプ:

このポリシー設定を使用すると、RD セッション ホスト サーバーがリモート デスクトップ ライセンス サーバーを探す順序を指定できます。

このポリシー設定を有効にした場合、RD セッション ホスト サーバーはまず指定したライセンス サーバーを探します。指定したライセンス サーバーが見つからない場合、RD セッション ホスト サーバーは自動ライセンス サーバー発見処理を開始します。自動ライセンス サーバー発見処理において、Windows Server ベースのドメインにある RD セッション ホスト サーバーは、次の順序でライセンス サーバーへの接続を試みます。

1.Active Directory ドメイン サービスで公開されているリモート デスクトップ ライセンス サーバー

2.RD セッション ホスト サーバーと同じドメインのドメイン コントローラーにインストールされているリモート デスクトップ ライセンス サーバー

このポリシー設定を無効にした場合、または構成しなかった場合、グループ ポリシー レベルでは RD セッション ホスト サーバーによってライセンス サーバーは指定されません。

OK　キャンセル　適用(A)

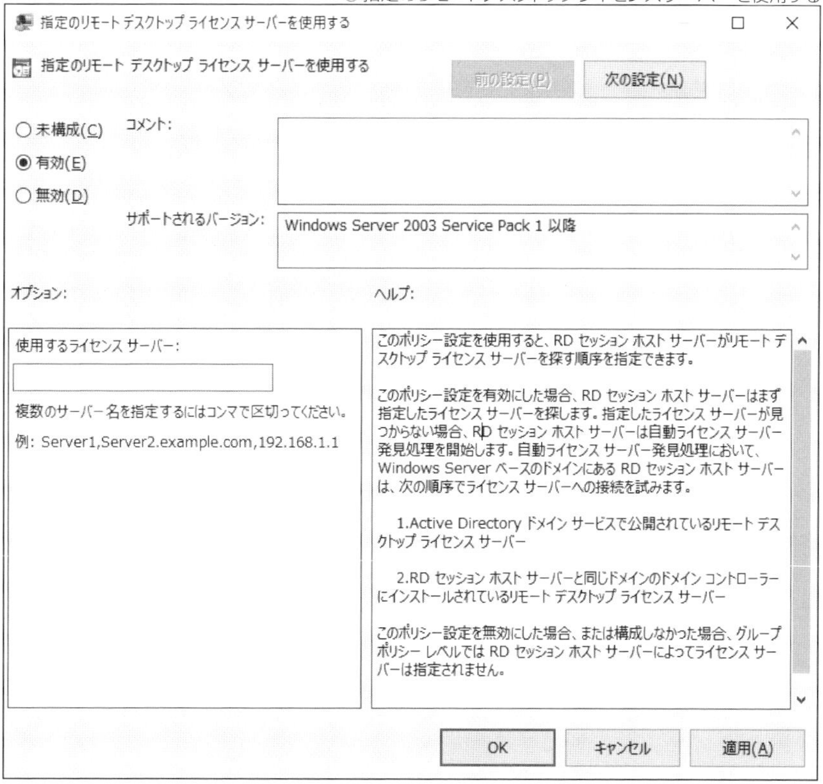

❹［リモートデスクトップライセンスモードの設定］をダブルクリックし、「接続デバイス数」か「接続ユーザー数」のいずれかを選択します。

●リモートデスクトップライセンスモードの設定

❺コンピューターの管理（compmgmt.mscコマンドの実行など）を起動し、ローカルユーザーとグループにて、「Remote Desktop Users」グループにリモートデスクトップに接続するユーザーを追加します。

❻リモートデスクトップライセンスマネージャー（licmgr.exeコマンドの実行など）を起動し、該当サーバーを右クリックしてアクティブ化します。

❼サーバーのアクティブ化ウィザードを画面の指示通り進めます。

❽購入したライセンスをインストールします。

SECTION-43

Windows OSの日本語化

クラウドで英語版のWindows Serverしか提供されていない場合でも設定変更により日本語化することができます。

設定箇所は2カ所です。

- コントロールパネルのリージョン設定
- Windowsの設定での日付と時刻の設定

コントロールパネルのリージョン設定

コントロールパネルのリージョン設定は次の手順で行います。

❶コントロールパネルを選択します。

◉コントロールパネルの選択

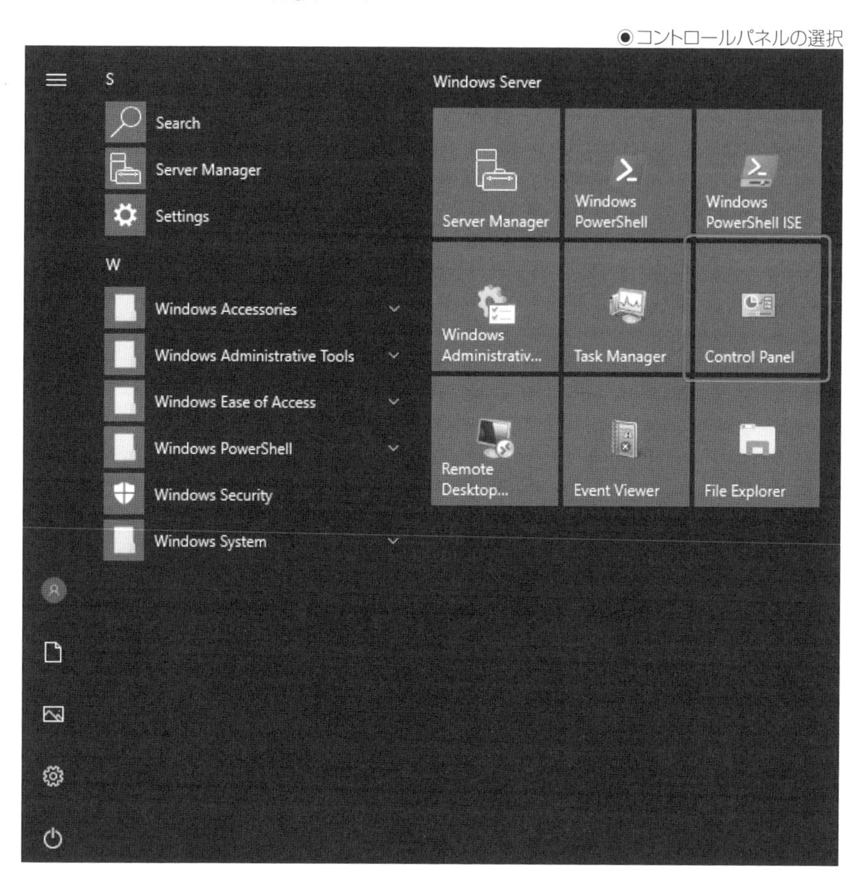

❷「Change date, time, or number formats」を選択します。

●「Change date, time, or number formats」の選択

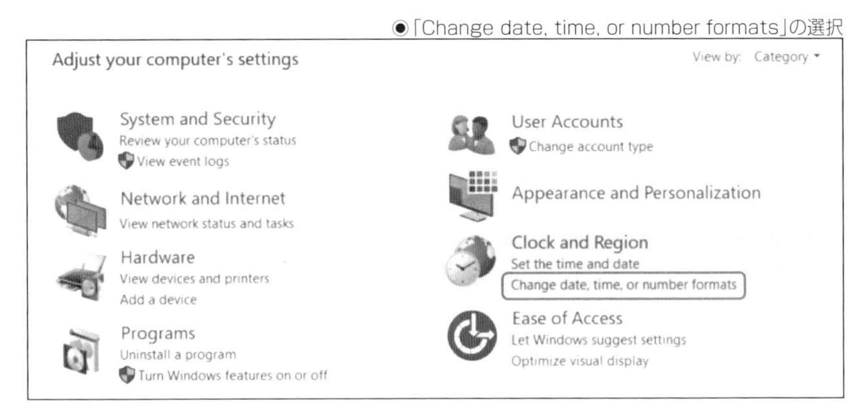

❸「Administrative」タブを選択し、[Change system locale]ボタンをクリックします。

●「Change system locale」の選択

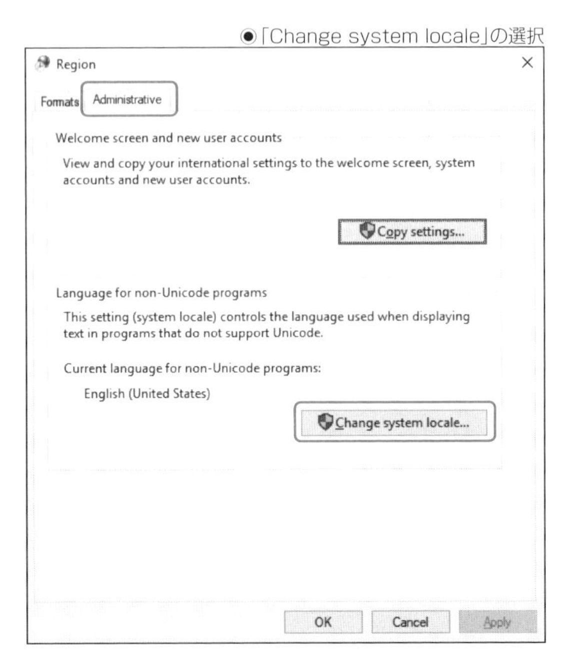

❹「Region Settings」で[Current system locale]に「Japanese(Japan)」を選択し、[OK]ボタンをクリックします。

●Region SettingsでJapaneseの選択

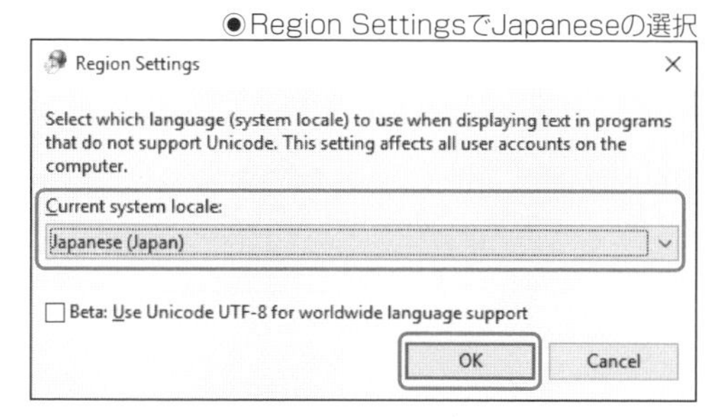

❺[Restart now]ボタンをクリックし、一度リブートします。

●リブート

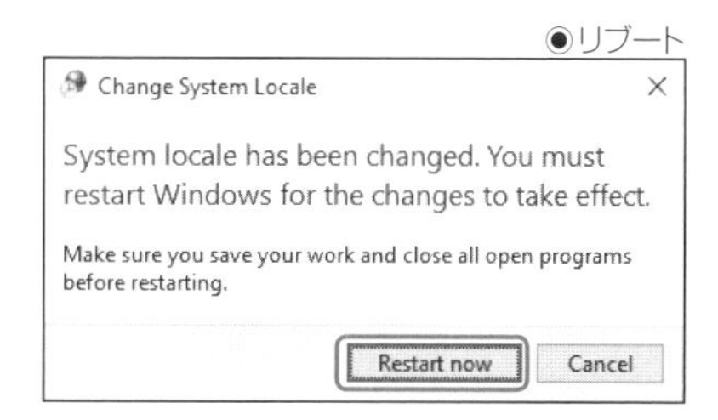

Windowsの設定での日付と時刻の設定

日付と時刻の設定は次の手順で行います。

❶スタートボタンをクリックし、「設定」をクリックします。

●設定画面の表示

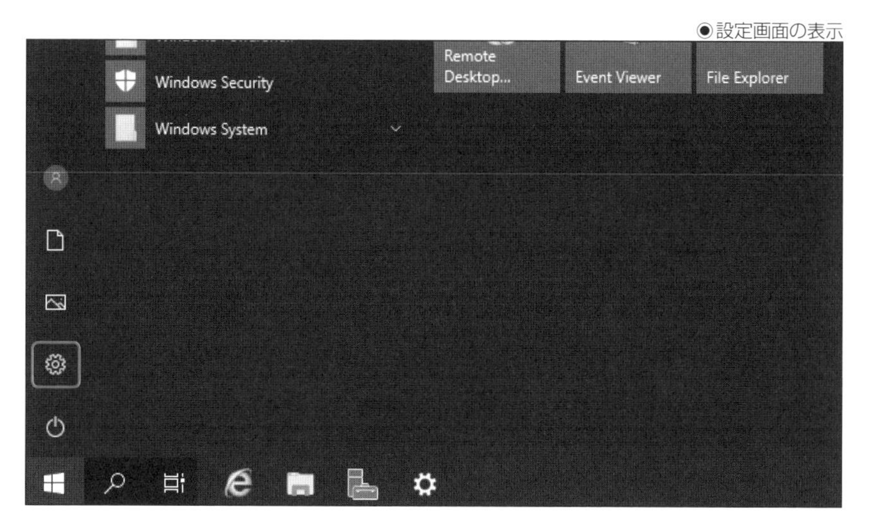

❷「Time & Language」を選択します。

●「Time & Language」の選択

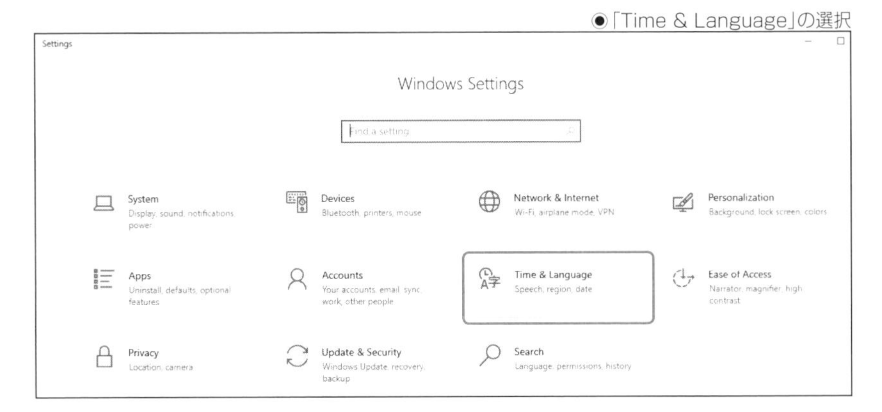

❸ [Date & time]をクリックし、[Time zone]を「UTC+09:00」に設定します。

●「Date & time」の設定

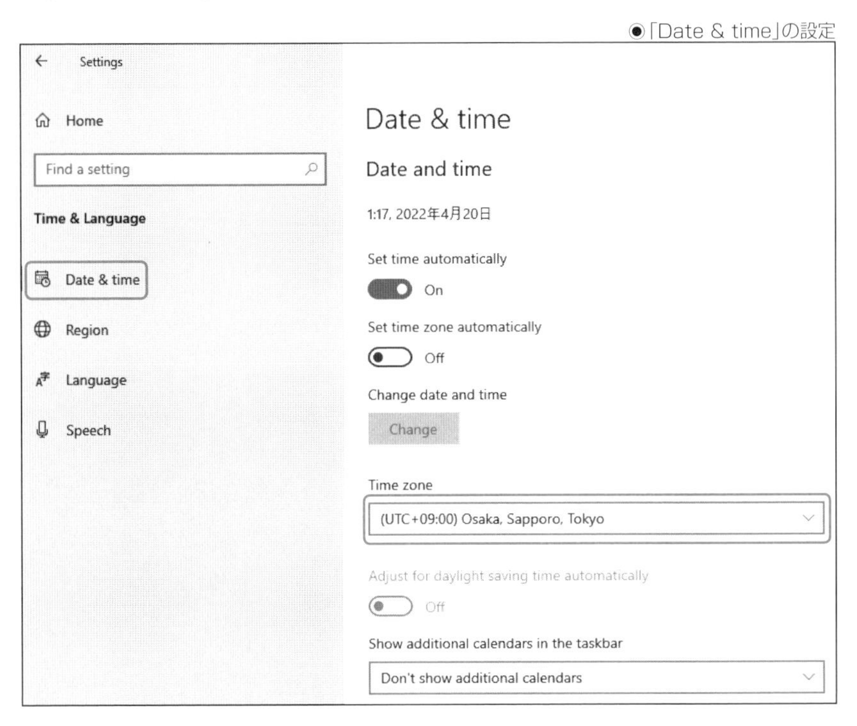

❹ [Region]をクリックし、[Country or region]を「Japan」に、[Current format]を「Japanese(Japan)」に設定します。

●Regionの設定

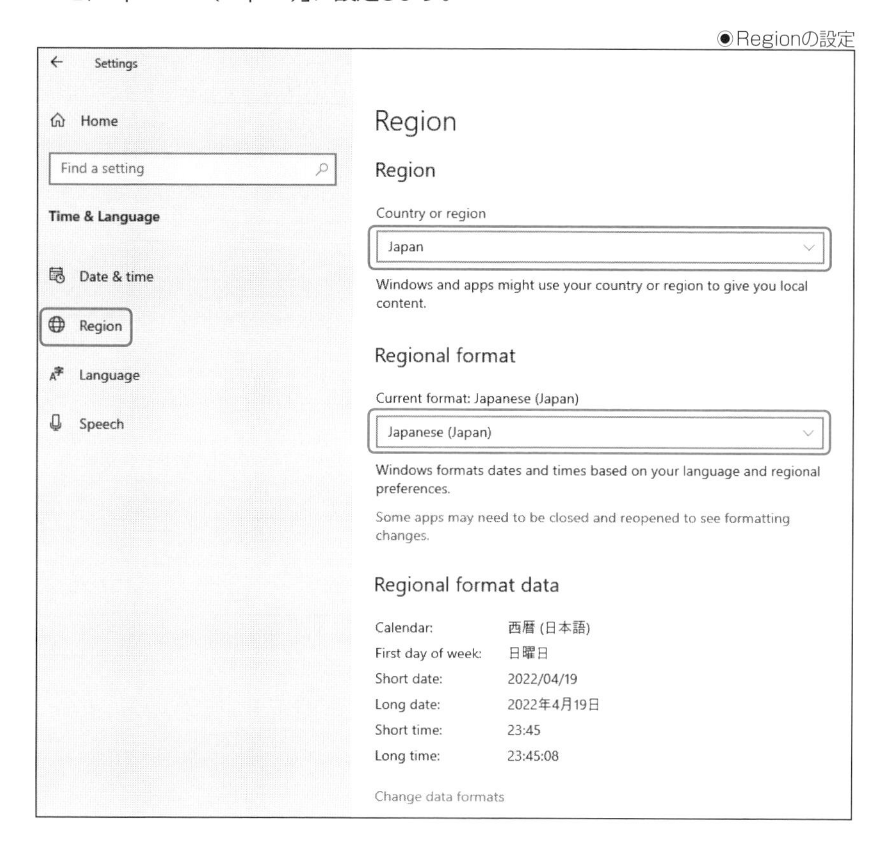

❺ [Language]をクリックし、「日本語」の[Options]ボタンをクリックします。なお、ここでは「Windows display language」を日本語に変更したいところですが、各種Japaneseリソースのダウンロードが完了した後でないと変更できません。

●Languageの設定

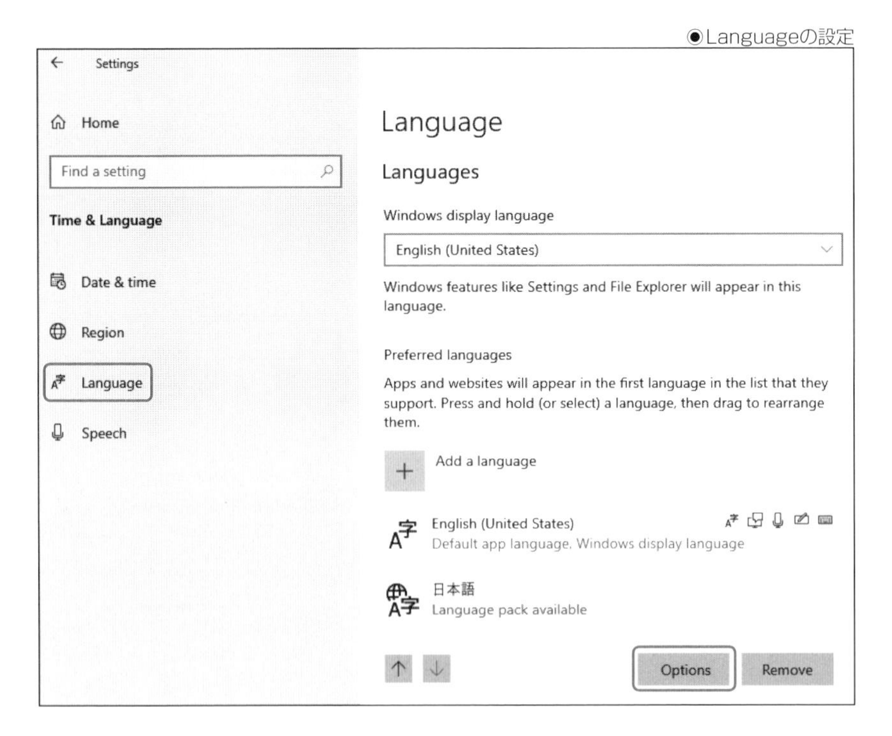

❻ [Download] ボタンをクリックして各種Japaneseリソースをダウンロードし、キーボード設定を変更するため。[Change layout] ボタンをクリックします。

●各種Japaneseリソースのダウンロードとキーボード設定

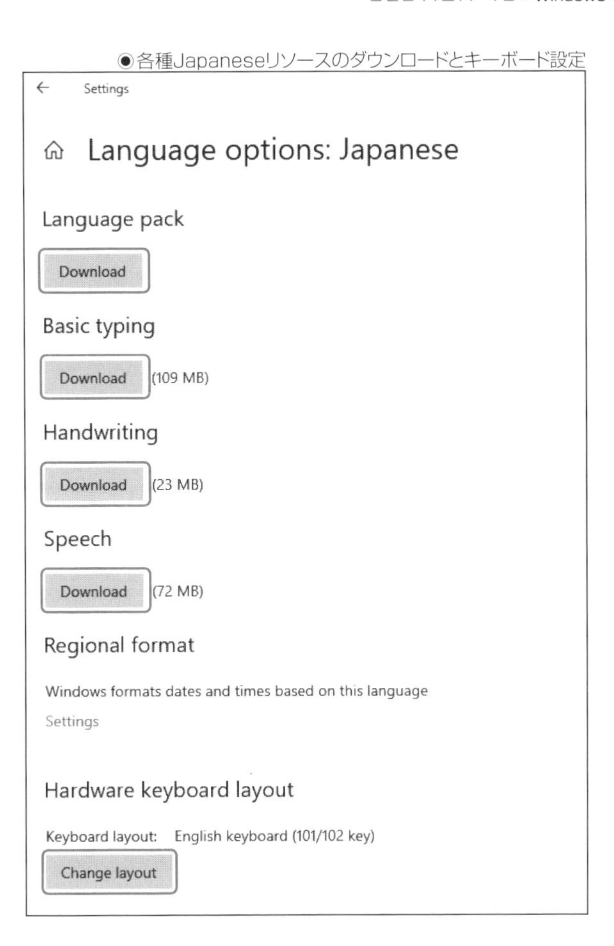

❼ 必要に応じてキーボードの設定を行い、[OK]ボタンをクリックします。

●キーボードの変更

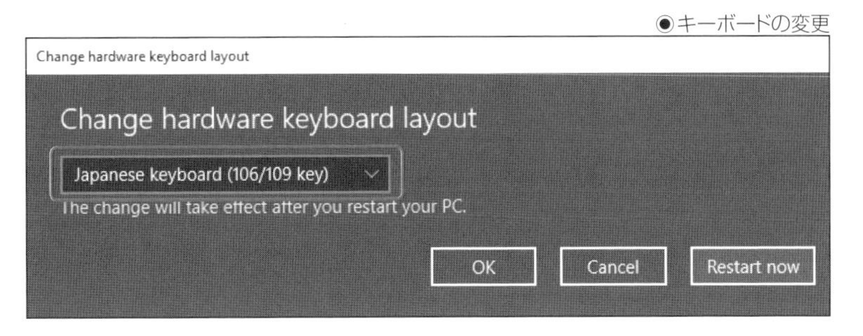

❽ そして最後に「Windows display language」を「日本語」に変更します。

●Languagesを日本語に変更する

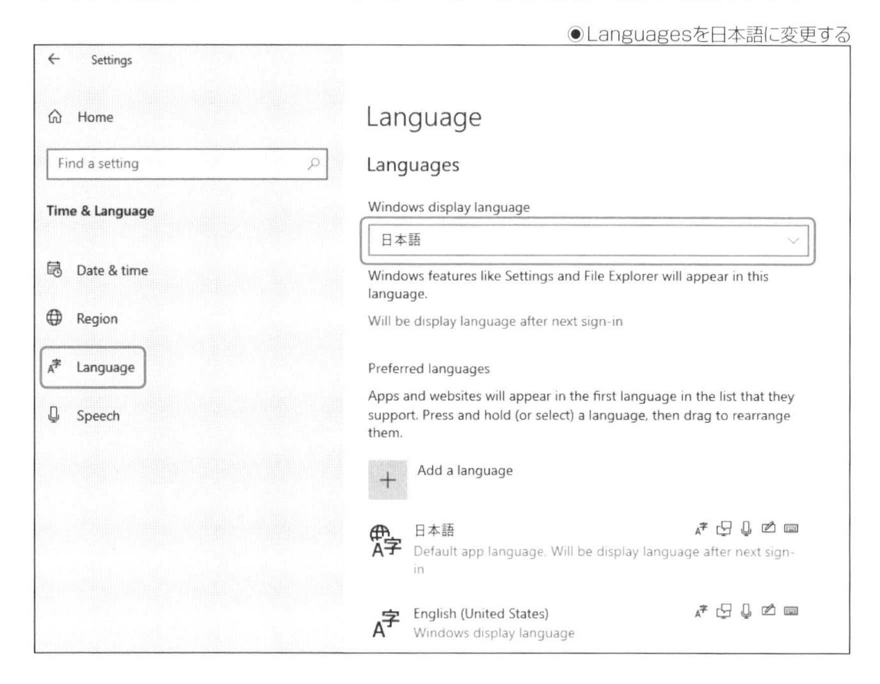

❾ サインインし直すかOSを再起動することでOSの日本語化が完了します。

●日本語化の完了

SECTION-44
各クラウドベンダーでのWindows関連サービス

各クラウドベンダーで扱われているWindows関連サービスは下記の通りです。

AWSのWindows関連サービス

AWSのWindows関連サービスは下表の通りです。

◉AWSのWindows関連サービス

AWSでのWindows	サービスの説明	AWSのサービス
Windows Server	安全でサイズ変更が可能な、Windowsインスタンス向けのクラウド内のコンピューティング容量(仮想サーバー)。	Amazon Elastic Compute Cloud(EC2)上のWindows
	Amazon EC2でMicrosoftやOracleなどのベンダーの適格なソフトウェアライセンスを使用する	Amazon EC2 Dedicated Hosts
データベース	安全でサイズ変更が可能な、SQL Serverインスタンス向けのクラウド内のコンピューティング容量(仮想サーバー)	Amazon Elastic Compute Cloud(EC2)上のSQL Server
	SQL Serverを提供するフルマネージドリレーショナルデータベースサービス	SQL Server向けAmazon Relational Database(RDS)
	フルマネージドのMySQLおよびPostgreSQL互換のリレーショナルデータベース	Amazon Aurora
ストレージ	フルマネージドネイティブMicrosoft Windowsストレージ	Amazon FSx for Windows ファイルサーバー
	SQL Serverインスタンスに容量をアタッチするための高性能ブロックストレージ	Amazon Elastic Block Store
ライセンス管理	AWSおよびオンプレミス環境向けの中央ライセンス管理サービス	AWS License Manager
Windowsベースのサービス	Identity and Access Management機能を備えたマネージドMicrosoft Active Directory	AWS Directory Service
	スケーラブルなサービスとしてのWindowsデスクトップソリューション	サービスとしてのデスクトップ
コンテナ	コンテナを実行するためのきわめて安全で、信頼性と拡張性が高い方法	Amazon Elastic Container Service(ECS)
	顧客が管理するインフラでコンテナを実行	Amazon ECS Anywhere
	Windowsコンテナイメージを簡単に保存、管理、およびデプロイ	Amazon Elastic Container Registry(ECR)
	フルマネージド型のKubernetesサービス	Amazon Elastic Kubernetes Service(EKS)
	サーバーレスコンピューティングオーケストレーション	AWS Fargate
AWSでの.NET	.NETアプリケーションを開発、デバッグ、およびデプロイするためのMicrosoft Visual Studioの拡張機能	AWS Toolkit for Visual Studio

※出典：https://aws.amazon.com/jp/windows/

AzureのWindows関連サービス

AzureのWindows関連サービスは下表の通りです。

◉AzureのWindows関連サービス

Windows Server	仮想マシン
データベース	Azure SQL Database

GCPのWindows関連サービス

GCPのWindows関連サービスは下表の通りです。

◉GCPのWindows関連サービス

Windows Server	Compute Engine上のWindows
データベース	Cloud SQL for SQL Server

SECTION-45

各クラウドベンダーでのActive Directoryの扱い

Windowsサーバーを管理する場合、Active Directoryもセットで導入するケースが多いと思います。クラウドでは正規のActive Directoryの他、Active Directory互換サービスも選択できる場合があります。使いたい機能と費用との比較で最適なものを選定するとよいです。

AWSでのActive Directoryの扱い

AWSでは2種類のActive Directoryサービスが提供されています。かつ、それぞれ大小が選べるので4つの選択肢があります。

◆ Simple AD

Simple ADは、Sambaバージョン4ベースのActive Directory互換です。

◆ AWS Managed Microsoft AD

Windows Server上で動作する正規のActive Directoryです。AWSのAuto Scalingにも対応しているのが特徴です。

◉AWSにおけるディレクトリサービスの比較

	Simple AD (small)	Simple AD (large)	AWS Managed Microsoft AD (Standard Edition)	AWS Managed Microsoft AD (Enterprise Edition)
技術ベース	Samba 4 Active Directory Compatible Serve		Windows AD	Windows AD
最大ユーザー数	500	5000	5000	5万
最大ディレクトリオブジェクト数	2000	2万	3万	50万
LDAPサポート	○	○	○	○
Kerberosベースのシングルサインオン	○	○	○	○
コンピューターのドメイン加入	○	○	○	○
グループポリシーベースの管理	○	○	○	○
Auto Scaling対応	×	×	○	○
他のドメインとの信頼関係	×	×	○	○
Active Directory管理センター	×	×	○	○
Windows Power Shellサポート	×	×	○	○

08 クラウド上でWindowsを扱う

	Simple AD (small)	Simple AD (large)	AWS Managed Microsoft AD (Standard Edition)	AWS Managed Microsoft AD (Enterprise Edition)
Active Directory ごみ箱機能	×	×	○	○
きめ細かい パスワードポリシー	×	×	○	○
グループ管理の サービスアカウント	×	×	○	○
スキーマ拡張	×	×	○	○
ネットワークポリシー サーバーのサポート	×	×	○	○
1時間ごとの東京の 利用料金 (2022/5現在)	$0.08	$0.24	$0.146	$0.445

AzureでのActive Directoryの扱い

Azureでは2種類のActive Directoryサービスが提供されています。

◆Azure AD(Azure Active Directory)

Azure ADはクラウドベースのIDおよびアクセス管理のサービスです。Azure ADにはAzureからだけでなくMicrosoft 365やさまざまなSaaSなどの外部リソースからも接続されます。

Azure ADという名称からWindows版のActive Directoryをクラウド上で動作させているものと感じられるかもしれませんが、基本的には別物です。

Azure ADには、Free、Office365用、Premium P1、およびPremium P2の4種類があります。Premiumではセキュリティ機能などが強化されています。それぞれの主な違いは下表を確認してください。

●Azure ADの比較

機能 \ プラン	Free	Free (Office365)	Premium P1	Premium P2
外部ユーザー連携	○	○	○	○
シングルサインオン	○	○	○	○
多要素認証 / MFA	○	○	○	○
オンプレミスの ディレクトリ同期	○	○	○	○
セルフパスワード変更	○	○	○	○
セルフパスワードリセット	×	×	○	○
条件付きアクセス	×	×	○	○
アプリケーションプロキシ	×	×	○	○
基本的なセキュリティと 使用状況レポート	○	○	○	○
高度なセキュリティと 使用状況レポート	×	×	○	○

機能＼プラン	Free	Free (Office365)	Premium P1	Premium P2
アクセスレビュー	×	×	×	○
Azure AD Identity Protection	×	×	×	○
Azure AD Privileged Identity Management (PIM)	×	×	×	○
1ユーザーあたりの月額利用料金(2022/5現在)	0円	0円	650円	980円

◆ Azure Active Directory Domain Services(Azure AD DS)

Windows Server Active Directoryと完全に互換性のあるマネージドドメインサービスです。

GCPでのActive Directoryの扱い

GCPでのActive Directoryサービスは「Managed Service for Microsoft Active Directory」の1種類となります。

COLUMN

VDI環境

WindowsクライアントOSの入ったインスタンスをリモートで使うVDI環境というものがあります。VDI環境は顧客情報を扱う場合などのような厳格な機密情報管理を行いたい場合によく使われます。

管理者によってVDI環境上でできることを最小限に制限したりデータの流れをすべてログ収集することによって、悪意を持った操作を行えなくなることや操作ログを追うことで誰がどんな操作を行ったのか把握することができるようになります。

VDI環境自体は自分たちでWindowsクライアントOSのインスタンスを立てて構築することもできますが、クラウドベンダー各社に用意されているVDI専用サービスを用いることもできます。

●クラウドベンダーのVDI専用サービス

クラウドベンダー	VDI専用サービス
AWS	Amazon WorkSpaces
Azure	Azure Virtual Desktop
GCP	なし(他社ソリューションと組み合わせることで実現は可能)

CHAPTER 09 Infrastructure as Code

本章の概要

本章では、クラウドインフラの構成管理を行うためのInfrastructure as Codeについて説明します。

ここではInfrastructure as Codeサービスの中でも特にクラウドサービス上のインフラリソースの構成管理に特化したものについて説明します。まずはじめに概要を説明します。次にサンプルコードを例示しながら各Infrastructure as Codeサービスを使用してクラウドサービス上にリソースを構築するハンズオンを行います。このようにしてInfrastructure as Codeの雰囲気をつかんでもらいます。

CHAPTER-06「クラウドを試してみる」ではAWS・Azure・GCPのインフラをWebコンソール上で構築する例を紹介しましたが、Infrastructure as Codeサービスを使用することでより効率的にインフラの構成管理ができることを実感していただけると思います。

SECTION-46

Infrastructure as Codeとは

システム開発を行う上でクラウドサービスを利用することは一般的になりました。「ペットから家畜へ」という言葉が表すようにクラウドの普及に伴いエンジニアが構築・管理するインフラリソースは増加し、手動で管理を行うための人的コストは増大してきました。そこへInfrastructure as Codeと呼ばれる考え方が登場しました。

Infrastructure as Code(IaC)とは、インフラ設定をコードとして記述・表現することを意味します。コードとしてインフラ設定を表現することでインフラの構成管理に一般的なソフトウェア開発のプラクティスを適用できるようになります。Infrastructure as Codeを利用すると増大するインフラリソースの構成管理を効率良く行うことが可能となります。

たとえば、ある日、開発チームのリーダーから検証環境の作成を依頼されたとします。

リーダー「開発メンバーの検証環境をAWS上に作る必要があるので各種手順書を作ってください」
私「わかりました」

翌日。

私「Wordファイルで作成手順書･削除手順書を作ったぞ。各操作のスクリーンショットも貼ったので大丈夫なはず」
メンバーA「検証環境構築できました」
メンバーB「検証環境構築したのですが、うまく動きません。ちょっと確認してもらますか?」
私「あれ、手順書通りの設定になってるように見えるけどなぜだろう?」

数時間後。

私「細かい設定を間違えてたのに気がついたので、修正するよう伝えたぞ」

また後日

リーダー「検証環境で追加で○○できるようにしたいので、ちょっと設定を変えてもらえますか?」
私「わかりました」
私「○○できるようにするには、追加でリソース作成しないといけないし、既存のリソースは一から作り直さないといけないな……」
私「作成手順書・削除手順書を更新して、またメンバーに作業してもらわないといけない……」

クラウドの普及に伴いアプリケーション開発では使用するクラウドリソースが次々と増えていく傾向にあります。それに伴って構成管理の手間が徐々に増えていき、結果的に開発自体に集中できなくなっていきます。Infrastructure as Codeはこのような状況を解決してくれます。

手動とInfrastructure as Codeでのインフラ構成管理の違い

Infrastructure as Code登場以前は、基本的には手動でインフラ構成管理を行っていました。手動での管理には次のような問題があります。

- 変更管理のコスト
  - 変更履歴を手で管理する必要がある
  - 変更内容がドキュメントに正しく反映されないなど、実設定との乖離が発生しやすい
  - 変更内容の確認・レビューが行いにくい
- 各種手順書の管理コスト
  - 作成時・更新時・削除時の作業手順書の作成・更新に時間がかかる
- 人的コスト・人的ミスのコスト
  - 手作業によるインフラ構築・管理は工数がかかる
  - 手作業によるオペレーションではヒューマンエラーが発生しやすい

これに対して、Infrastructure as Codeを利用したインフラ構成管理には次のようなメリットがあり、手動での管理の問題を克服できます。

- バージョン管理によるインフラの構築・管理の効率化
- 自動化による人的コスト削減・人的ミスの回避
- コードの資産化

◆ バージョン管理によるインフラの構築・管理の効率化

GitのようなVCSサービスを使用することでソースコードのバージョン管理を行うことができるようになります。

次のコードはTerraformというInfrastructure as Codeサービスでの設定ファイルの例です。

```
resource "aws_s3_bucket" "example" {
  bucket = "infra-engineer-example-bucket"
}
```

インフラの設定内容をコードとして表現することで、一般的なソフトウェア開発と同様にバージョン管理システムを使ったソースコードのバージョン管理やソースコードのレビューが可能となり、手動管理における変更管理のコストの問題を解決できます。

●変更管理のコスト

管理方法	変更管理のコスト
手動	・変更管理ファイルを都度更新する必要がある ・設定内容・変更内容が確認しにくい
Infrastructure as Code	・GitやGitHubで変更管理できる ・設定内容・変更内容をGitの差分やGitHubのプルリクエストで確認できる

VCSとは

VCSとはVersion Control Systemの略称で、ソースコードの変更履歴を管理するためのソフトウェアです。一般的に使用されているVCSとしてはGitが有名です。Gitを使用することで、いつ・誰が・何を変更したのかを記録することができたり、ソースコードを任意の時点の状態に戻したりすることができます。

◆自動化による工数削減・リスク削減

通常、インフラリソースを作成・削除する場合は、各リソースの依存関係を考慮する必要があります。たとえば、AWS上にインターネットと疎通できるサブネットを作成する場合は大まかに次の順序でリソースを作成します。

1. VPC
2. インターネットゲートウェイ
3. サブネット
4. ルートテーブル
5. セキュリティグループ

逆にこれらのリソースを削除する場合は、作成時と反対の順序で消していきます。

手動でインフラリソースを作成・削除する場合は正しい順序で注意深くリソースを操作する必要があります。そのために作業手順書を作るのは大変なだけでなく、作成するリソースが多ければ多いほどその分作業ミスが発生しやすくなります。

これがInfrastructure as Codeサービスを利用する場合は、設定ファイルを用意してコマンドを実行するだけで、リソース間の依存関係を自動的に算出し正しい順序でリソースの作成・削除を行ってくれるようになります。

また、基本的にはコマンドを実行するだけでリソースの作成・更新・削除を実行できるため、各種手順書を作ったり管理する必要がなくなります。

これにより、手作業と比べ人的工数を削減したり人的ミスの発生を抑えることができます。

依存関係の解決

Infrastructure as Codeサービスでは設定ファイルの内容を読み取りリソース間の依存関係を自動的に解決し、正しい順序でリソースの作成・変更・削除を行ってくれます。

ただしリソース間に暗黙的な依存関係がある場合はリソース間の依存関係を認識できないため明示的に依存関係を記述する必要があります。たとえば、AWS上でNATゲートウェイを作成する場合は、先にインターネットゲートウェイが作成されている必要があります。NATゲートウェイとインターネットゲートウェイ自体は直接的な依存関係はないため、Infrastructure as Codeはインターネットゲートウェイ→NATゲートウェイという順序で作成を行わない場合があります。このような暗黙的な依存関係を持つリソースがある場合は、設定ファイルに明示的に依存関係を記述する必要があります。

◆コードの資産化

Infrastructure as Codeでは一度コードを書けば、それを再利用して同じ設定のリソースを容易に再構築できるようになります。VPCやサブネットのような基本的なネットワークリソースの場合、CIDRブロックやリソースタグといった設定にしか差分がない場合が多いです。この場合は差分となる設定値のみ修正するだけで容易にコードを使い回すことができます。

下記のAWS VPCの設定ファイルの例では `cidr_block` や `tags` の値を変えるだけで簡単に再利用できます。

```
resource "aws_vpc" "main" {
  cidr_block           = "10.0.0.0/16"
  enable_dns_support   = true
  enable_dns_hostnames = true

  tags = {
    Project = "サンプルA"
    Env     = "staging"
  }
}
```

同様にステージング環境を構築する際にInfrastructure as Codeで構成管理しておくと、本番環境構築の際に環境差分のみを設定ファイルに反映する程度の手間で構築が行えるようになります。

COLUMN

設定ファイルの再利用性

プロジェクトや環境によって設定値が異なる部分だけをパラメータ化しておくと、設定ファイルの再利用性を高めることができます。

下記の設定ファイルでは、`var.*` となっている部分に対して設定値を指定して実行するだけでさまざまなリソースを作成することができます。

```
resource "aws_vpc" "main" {
  cidr_block           = var.cidr_block
  enable_dns_support   = true
  enable_dns_hostnames = true

  tags = {
    Project = var.project_name
    Env     = var.environments
  }
}
```

このように再利用性を意識して記述しておくと、環境ごとに設定ファイルを修正する必要がないので別環境を構築する際の作業が楽になります。

ただし、再利用性を求めすぎると環境ごとの差分が発生するたびに共通の設定ファイルの書き換えや設定ファイル内にロジックを書く必要が出てきます。コードの保守性や運用コストを見ながら、どの程度、設定ファイルの再利用性を追求するか決めることが重要です。

COLUMN

Infrastructure as Code導入のコスト

Infrastructure as Codeをはじめて使用する場合は、Infrastructure as Codeサービスの理解・設定ファイルの書き方・ディレクトリ構成・デプロイフローなどの学習コストが発生します。サービスやプラグインのバージョンアップといった運用コストが発生する点も考慮する必要があります。

それでも導入後の長期的なメリットを考えると、Infrastructure as Codeを導入するほうがよいと感じています。使用するインフラリソースが多いほどメリットを享受できるため、ある程度、規模の大きなシステム開発では導入を検討するのがよいでしょう。

SECTION-47
実際の現場におけるInfrastructure as Codeの使い方の流れ

ここでは実際の現場においてInfrastructure as Codeをどのように利用しているかを紹介します。参考例として新規に開発するWebサービスのテスト環境・本番環境をInfrastructure as Codeで構成管理する流れを紹介します。なお、本章では設定ファイルのディレクトリ構成や再利用性を意識したコードの書き方といった発展的な内容については触れません。

ステージング環境のインフラの構築

まずはステージング環境のインフラを構築していきます。

既存のサービスをInfrastructure as Codeで構成管理している場合は再利用できる設定ファイルや参考になる設定ファイルがないか確認します。特にWeb3層構造のように大まかな構成が同じWebサービスの場合は同じような設定のリソースが多くなるので、再利用できる設定ファイルも多い傾向にあります。

これまで経験のない・触ったことのないリソースを設定する場合は、Infrastructure as Codeやクラウドベンダーの公式ドキュメントを見ながら設定ファイルを書いていきます。リソースによってはWebコンソールとInfrastructure as Codeの設定内容で設定名や設定値に差異があることや、リソースそのものが1対1で対応していない場合があります。たとえば、コンソールからAWS S3バケットを作成する際は、S3バケットの名前やバケットポリシーの設定を行いますが、Infrastructure as CodeサービスによってはS3バケット自体とバケットポリシーの設定を個別のリソースとして定義しなければならないことがあります。

このような場合はInfrastructure as Codeの設定ファイルを書いてリソースを作成するのではなく、まずは一度Webコンソール上でリソースを構築して設定内容をよく理解してからInfrastructure as Codeの設定ファイルを書くほうが効率が良い場合が多いです。

また、複雑な設定が必要なリソースは初見では設定ファイルを正しく書くのが難しかったり、時間がかかったりします。この場合はInfrastructure as Codeの設定ファイルを書いてリソースを構築するよりも、手動で構築したリソースをInfrastructure as Codeの管理対象に含めるようにするほうが効率がよいことがあります。

大抵のInfrastructure as Codeサービスには手動で構築したリソースを管理対象としてインポートする機能があるため、これをうまく活用することで構築工数を削減することができます。

本番環境の構成管理

ステージング環境の構成管理ができたら、続いて本番環境の構成管理を行います。ここではステージング環境と本番環境との差分のみ設定ファイルに反映することで容易に本番環境を構築することができます。

COLUMN

すべてをInfrastructure as Codeで管理する必要はない

Infrastructure as Codeを導入するとすべてのインフラ設定をInfrastructure as Codeで管理したくなりますが、適切なリソースのみを管理対象にするのがよいです。

たとえばAWS ECSのようなコンテナサービスでは、サービスの稼働状況により使用するコンテナイメージのhashやコンテナの起動数が動的に変化します。Infrastructure as Codeでは設定値を静的に指定します。そのため、動的に変更される設定を扱おうとすると設定ファイルの内容と実体が乖離してしまいます。

このように動的に値が変わってしまう設定についてはInfrastructure as Codeで管理しない、もしくは別のツールで制御するのがよいでしょう。

COLUMN

自動作成されるリソースも設定ファイルで書く必要がある

Webコンソール上でリソースを作成する際、付随的に自動的に作成されるリソースがあります。たとえば、Webコンソール上でAWS ECSを構築すると、各コンテナのログの連携先となるCloudWatch Logsのロググループも自動的に作成されます(awslogsログドライバーを使用した最もベーシックなログ連携を行う場合)。

もし、これをInfrastructure as Codeで設定する場合は、ECS自体の設定に加えてCloudWatch Logsのロググループを作成するための設定も記述する必要があります。

Infrastructure as Codeを利用する際の注意点

Infrastructure as Codeを利用する際の注意点は次の通りです。

◆ Infrastructure as Codeの管理対象を手動で設定変更しない

Infrastructure as Codeで構成管理しているリソースに対して、手動で設定変更を行わないようにすることが重要です。手動で設定の変更をしてしまうと設定ファイルの内容とインフラ設定の実体が乖離してしまい、Infrastructure as Codeのメリットが消えてしまいます。やむを得ず手動で変更した場合は、直ちに変更内容に合わせてInfrastructure as Codeの設定ファイルを更新する必要があります。

◆ 実行計画を注意深く確認する

一般的にInfrastructure as Codeサービスでは、実行計画として、設定ファイルの内容と既存のインフラ設定とを比較してどのリソースに対してどのような操作を行うか事前に表示してくれます。ここで特に注意しなければならないのが、設定ファイルの変更によってリソースの更新ではなく再作成(つまり削除→作成)が行われる場合です。

たとえば、作成済みのS3バケットの名前を変更するために設定ファイルを書き換えてそれを適用する場合、単にS3バケットの名前が変更されるのではなくS3バケットの削除→作成が実行されてしまいます。これはRDSやS3のような永続データを持つリソースの場合はデータ消失といった大きな問題となることがあります。これを避けるためにはInfrastructure as Codeサービスの実行計画の中に、意図しないリソース変更が行われている箇所がないことを注意深く確認する必要があります。

SECTION-48

代表的なInfrastructure as Codeサービスを使ったハンズオンについて

実際にInfrastructure as Codeサービスを使ってみることでその理解を深めていきましょう。

本章では下記のInfrastructure as Codeサービスを使用し、リソースの構築から削除を行っていきます。Infrastructure as Codeサービスを使用してインフラリソースを構築する流れは、AWS、Azure, GCPのいずれもほとんど同じなので、本章ではAWSを例として扱います。

- AWS CloudFormation
- AWS Cloud Development Kit(AWS CDK v2)
- Terraform

これらのInfrastructure as Codeサービスのサンプルコードを使用し実際にリソースの構築を行っていきます。具体的にはAWSの東京リージョン(`ap-northeast-1`)にあるアベイラビリティーゾーン(`ap-northeast-1a`)上に、VPCとサブネットを構築しインターネットから疎通できるEC2インスタンスを配置します。

◉構成例

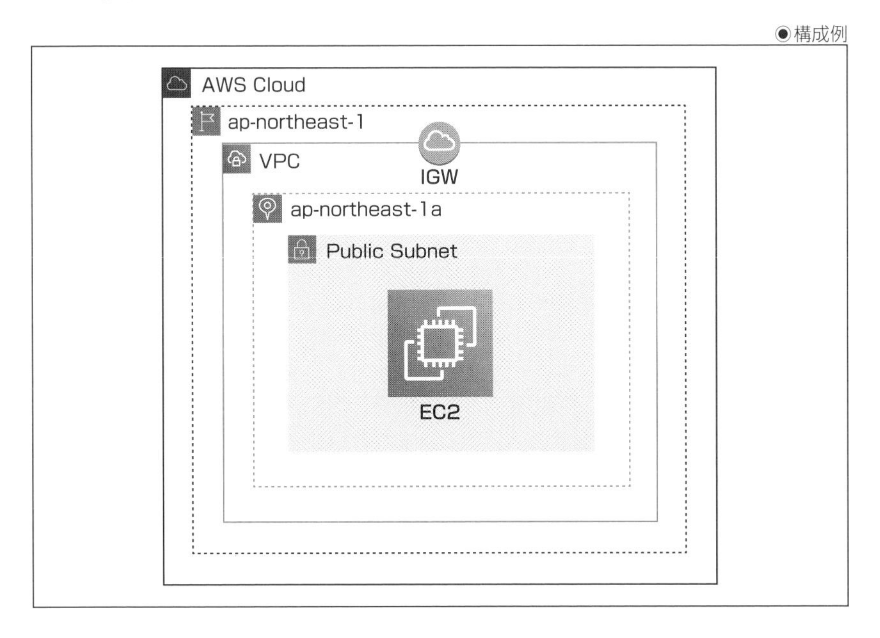

サンプルコードでは下記のAWSリソースの設定を記述します。また、user dataを使用してEC2インスタンスの起動時にWebサーバーのnginxをインストールします。

- AWS VPC
- インターネットゲートウェイ
- サブネット
- ルートテーブル
- セキュリティグループ
- EC2

ハンズオンの事前準備

ハンズオンの事前準備としてIAMユーザーとAWS Cloud9の環境を作成しておきます。

◆ハンズオン用IAMユーザーの作成

ハンズオンではInfrastructure as Codeサービスを実行し、AWSのリソースを操作するための権限が必要となります。不要な権限エラーを回避するために、ハンズオン用にAdministratorAccessのIAMポリシーを付与したIAMユーザーを作成し、作成したIAMユーザーでAWSコンソールにログインしてください。

◆AWS Cloud9の環境を作成する

ハンズオンでは開発環境としてAWS Cloud9を使用してファイルの作成やコマンドの実行を行います。

下記URLの「Cloud9のトップページ」にいき、[Create environment]ボタンをクリックします。

URL https://ap-northeast-1.console.aws.amazon.com/cloud9/home?region=ap-northeast-1

●AWS Cloud9

[Name]に「sample」と入力し、[Next step]ボタンをクリックしてください。「Configure settings」のページでは、デフォルトの設定のままで[Next step]ボタンをクリックしてください。

●AWS Cloud9 - Configure settings

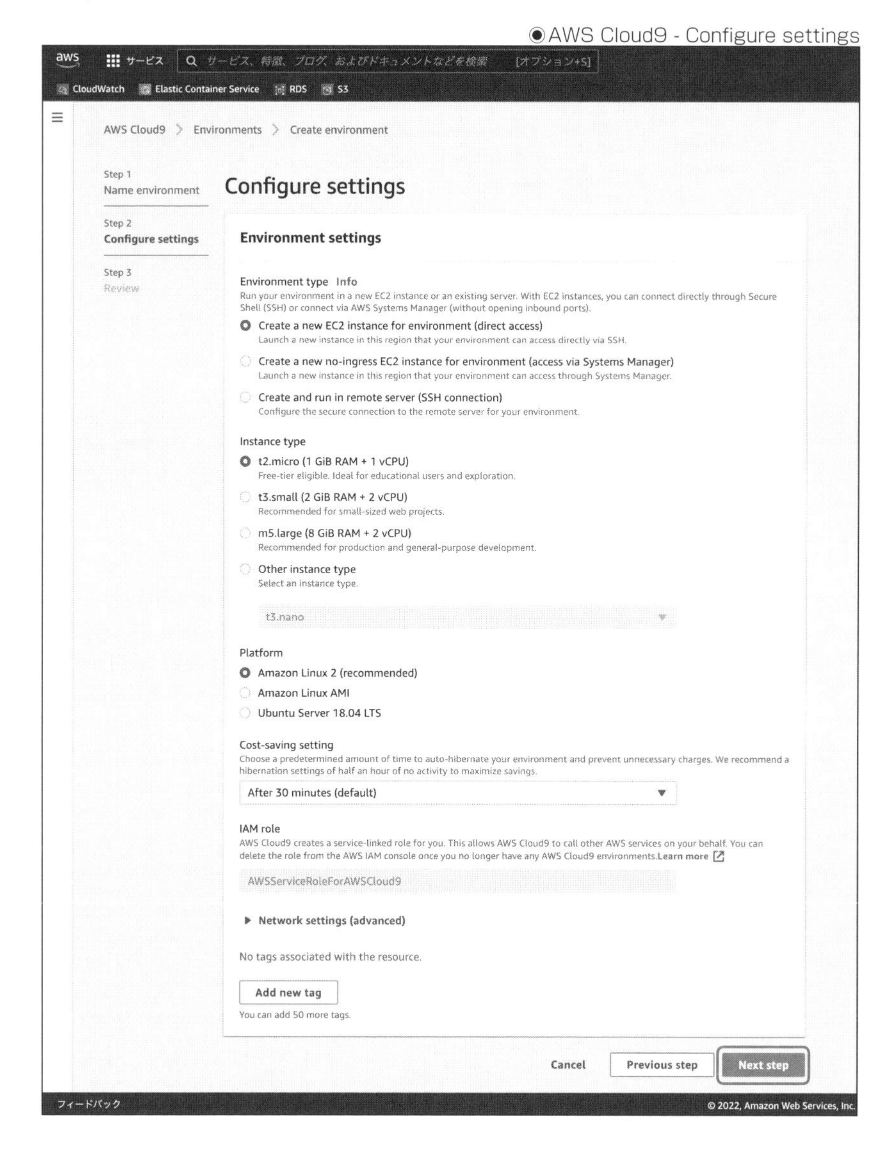

レビュー画面になるので、[Create environment]ボタンをクリックしてCloud9の環境を作成します。Cloud9環境が起動することを確認してください。

●AWS Cloud9 - Created

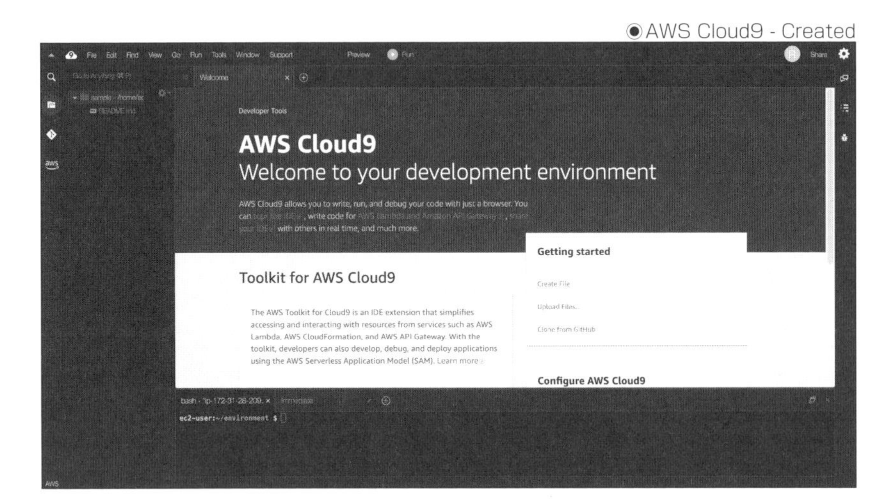

SECTION-49

Infrastructure as Codeサービスの大まかな機能について

各Infrastructure as Codeサービスの説明の前に、Infrastructure as Codeサービスの大まかな機能や処理の流れについて説明します。サービスによって細かな違いはありますが、大まかな機能や処理の流れは共通しているのでまずはそこから理解するのがよいでしょう。

Infrastructure as Codeでは下記の登場人物がいます。

- Infrastructure as Codeの設定ファイル
  - Infrastructure as Codeで構成管理するインフラの設定を開発者が記述する
- ステート
  - Infrastructure as Codeサービスを通して構成管理されているリソースの状態を保持する
- Infrastructure as Codeの実行プログラム
  - 設定ファイル・ステートを読み込む機能を持つ
  - 実行内容を算出する機能を持つ
  - クラウドサービスのAPIを実行する機能を持つ

Infrastructure as Codeサービスでは下記の流れでインフラリソースの作成・更新・削除を行います。

1. 開発者が設定ファイルを記述する。
2. 開発者がInfrastructure as Codeサービスを実行する。
3. Infrastructure as Codeサービスが設定ファイルを読み込む。
4. Infrastructure as Codeサービスがステートを読み込む。
5. Infrastructure as Codeサービスが設定ファイルとステートの内容を比較し、実行計画を算出する。
6. Infrastructure as Codeサービスが5で算出した実行計画をもとにクラウドサービスのAPIを実行し、リソースの作成・更新・削除を行う。
7. Infrastructure as Codeサービスが実行したAPIの結果をもとにステートを更新する。

●Infrastructure as Codeサービスの大まかな処理の流れ

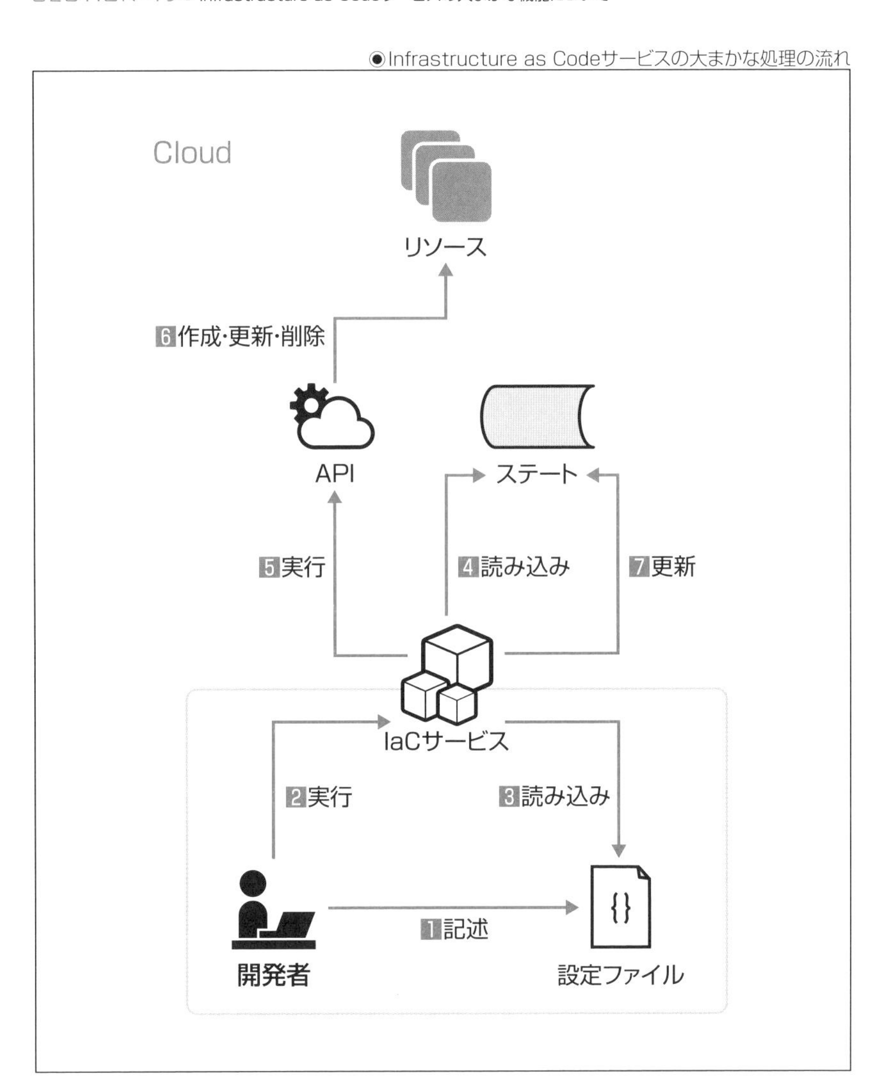

AWS CloudFormationの概要

AWS CloudFormation(以降、CloudFormation)はAWSが提供するInfrastructure as Codeサービスです。CloudFormationを使用することでAWSのリソースやCloudFormationのパブリックレジストリで公開されているサードパーティーのリソースを構成管理できます。AWSが一番はじめに提供を開始したInfrastructure as Codeサービスです。リリースから10年以上経っているため、採用実績も豊富でインターネット上に多くの情報が公開されています。そのため、AWS上のリソース構成管理としてCloudFormationを使用している現場は比較的多いでしょう。

AWSのリソースの構成管理を行う上で中心的な役割を果たしているサービスで、AWSの他サービスやサードパーティーのサービスは裏側でCloudFormationを利用しています。後述するAWS CDKは内部的にCloudFormationを利用していたり、サーバーレスアプリケーションの開発フレームワークであるServerlessFrameworkは構成管理にCloudFormationを利用しています。

このようにAWSの構成管理を行う上ではCloudFormationの知識が前提となることも多いため、概要などを理解しておくのがよいでしょう。

料金

CloudFormationは無料で利用できますが、CloudFormationで構築したAWSリソースの課金は発生します。CloudFormationの検証などで構築したリソースの消し忘れなどには注意してください。また、前述のパブリックレジストリで公開されているサードパーティーリソースを構築する際は、外部APIの呼び出しが発生するため、CloudFormationの利用にも料金が発生します。

用語や概念

CloudFormationに関する用語や概念を押さえておきましょう。

◆ テンプレート

テンプレートとはCloudFormationの設定を記述するテキストファイルで、YAMLまたはJSONで記述します。

CloudFormationで構成管理するリソースの設計図のような役割を果たし、テンプレートをCloudFormationでデプロイすることでリソースを構築することができます。

テンプレートを作成する際はテキストエディターを使用して記述するか、AWS CloudFormationデザイナーのような視覚的にテンプレートを作成できるツールを用います。

◆スタック

CloudFormationではテンプレートの内容をもとにAWSリソースを構築します。1つのテンプレートから構築されたAWSリソースの集合はスタックと呼ばれ、スタックごとにデプロイや変更の管理が行われます。スタックを複数作成したり、スタックから別のスタックを参照するクロススタック参照や、スタックの中にスタックを内包するネストしたスタックなども可能です。

一般的には、システムを構成するすべてのAWSリソースを1つのスタックとして定義するのではなく、システムを構成する各レイヤーごとにスタックを分けたり、ライフサイクルごとにスタックを分けます。VPCやサブネットなどのネットワークリソースやアプリケーションが稼働するコンピューティングリソースでスタックを分けたりします。

更新や削除のライフサイクルが異なるリソースは別のスタックとして管理することで、あるリソースの更新が周りに影響を与える可能性を低くでき、より安全な運用が可能となります。

◆スタックセット

スタックセットという機能を使用すると、1つのテンプレートをもとに複数のAWSアカウントや複数のリージョンに対して同じスタックを作成できます。

この機能を使うことで、複数の環境に同一の設定を行う際に環境ごとに設定を適用していく必要がなくなるため作業を効率化できます。AWSアカウントやリージョンごとに行う共通設定などをテンプレートとして作成しスタックセットをデプロイすることで一度のデプロイによってすべての環境に同一の設定を適用することができます。

SECTION-51

実際にAWS CloudFormationを触ってみる

実際にCloudFormationを使用してAWSのリソースの作成から削除までを行ってみましょう。サンプルコードを記述し、203ページに記載した構成を構築していきます。

CloudFormationは、AWSマネジメントコンソール(以降、コンソール)またはAWS CLIを使用してデプロイすることができます。

サンプルコードでは、両方のパターンでCloudFormationのデプロイを行います。CloudFormationの実行が失敗する可能性を防ぐために、コンソールにログインするIAMユーザーには一時的にAdministratorAccessのIAMポリシーを付与してください。

サンプルコードの記述

CloudFormationのテンプレートはYAMLで記述することが一般的です。サンプルコードもYAMLで記述します。

簡単にCloudFormationのテンプレートの内容について説明します。テンプレートにはいくつかの項目を記述できますが、メインの項目となるのは `Resources` です。

この `Resources` という項目には生成したいAWSリソースを記述します。`Resource` に含まれる `Type` という項目には、リソースを識別するリソースタイプを記述し、`Properties` という項目にはリソースに設定するオプションを記述します。

テンプレートで設定できるその他のパラメータについては、公式ドキュメント[1]を参照してください。

では、手元に `main.yaml` というファイルを作成してコードを書いていきましょう。

SAMPLE CODE main.yaml

```
AWSTemplateFormatVersion: 2010-09-09
Resources:
  # VPC
  SampleVPC:
    Type: AWS::EC2::VPC
```

[1]：https://docs.aws.amazon.com/ja_jp/AWSCloudFormation/latest/UserGuide/template-anatomy.html

```
  Properties:
    CidrBlock: 10.0.0.0/16
    EnableDnsHostnames: true
    EnableDnsSupport: true
    Tags:
      - Key: Name
        Value: "SampleVPC"

# インターネットゲートウェイ
SampleIGW:
  Type: AWS::EC2::InternetGateway
  Properties:
    Tags:
      - Key: Name
        Value: SampleIGW

# VPCにインターネットゲートウェイをアタッチ
SampleVPCGatewayAttachment:
  Type: AWS::EC2::VPCGatewayAttachment
  Properties:
    InternetGatewayId: !Ref SampleIGW
    VpcId: !Ref SampleVPC

# パブリックサブネット
SamplePublicSubnet:
  Type: AWS::EC2::Subnet
  Properties:
    AvailabilityZone: ap-northeast-1a
    CidrBlock: 10.0.1.0/24
    MapPublicIpOnLaunch: true
    Tags:
      - Key: Name
        Value: SamplePublicSubnet
    VpcId: !Ref SampleVPC

# ルートテーブル
SampleRouteTable:
  Type: AWS::EC2::RouteTable
  Properties:
    Tags:
      - Key: Name
        Value: SampleRouteTable
```

```
    VpcId: !Ref SampleVPC

# インターネットへのルート
SampleRouteToIGW:
  Type: AWS::EC2::Route
  Properties:
    DestinationCidrBlock: 0.0.0.0/0
    GatewayId: !Ref SampleIGW
    RouteTableId: !Ref SampleRouteTable

# ルートテーブルをパブリックサブネットにアタッチ
SampleRouteTableAssociation:
  Type: AWS::EC2::SubnetRouteTableAssociation
  Properties:
    RouteTableId: !Ref SampleRouteTable
    SubnetId: !Ref SamplePublicSubnet

# セキュリティグループ
SampleSecurityGroup:
  Type: AWS::EC2::SecurityGroup
  Properties:
    GroupDescription: Security Group for EC2
    GroupName: SampleSecurityGroup
    VpcId: !Ref SampleVPC
    SecurityGroupIngress:
      - IpProtocol: tcp
        FromPort: 80
        ToPort: 80
        CidrIp: 0.0.0.0/0
    Tags:
      - Key: Name
        Value: SampleRouteSecurityGroup

# EC2インスタンス
SampleEC2Instance:
  Type: AWS::EC2::Instance
  Properties:
    AvailabilityZone: ap-northeast-1a
    ImageId: ami-088da9557aae42f39
    InstanceType: t3.micro
    SecurityGroupIds:
      - !Ref SampleSecurityGroup
```

```
      SubnetId: !Ref SamplePublicSubnet
      Tags:
        - Key: Name
          Value: SampleEC2Instance
      UserData:
        Fn::Base64: |
          #!/bin/bash
          apt update -y
          apt install -y nginx
```

コーディングが終わればCloudFormationのデプロイを行います。

AWSコンソールからデプロイする

コーディングが終わりましたら、AWSコンソールからデプロイしましょう。

◆スタックの作成

まずは、コンソールからCloudFormationをデプロイし、スタックを作成します。コンソールから[スタックの作成]ボタンをクリックしてください。

●CloudFormationコンソール

「スタックの作成」画面に遷移するので、[テンプレートの準備完了]をONにします。テンプレートの指定では、[テンプレートファイルのアップロード]をONにし、先ほど作成したCloudFormationのテンプレートファイル(`main.yaml`)をアップロードしたら、[次へ]ボタンをクリックします。

●スタックの作成

「スタックの詳細を指定」ページでは、作成するCloudFormationのスタック名を入力します。ここでは、「cloud-engineer-cfn-stack」と入力します。パラメータは使用しないため、「パラメータなし」の設定のまま[次へ]ボタンをクリックします。

●スタックの詳細を指定

CloudFormation > スタック > スタックの作成
ステップ1
テンプレートの指定
ステップ2
スタックの詳細を指定
ステップ3
スタックオプションの設定
ステップ4
レビュー
スタックの詳細を指定
スタックの名前
スタックの名前
cloud-engineer-cfn-stack
スタック名では、大文字および小文字 (A-Z~a-z)、数字 (0-9)、ダッシュ (-) を使用することができます。
パラメータ
パラメータは、テンプレートで定義されます。また、パラメータを使用すると、スタックを作成または更新する際にカスタム値を入力できます。
パラメータなし
テンプレートで定義されているパラメータはありません
キャンセル　戻る　次へ

「スタックオプションの設定」ページに遷移しますが、デフォルトの設定のまま[次へ]ボタンをクリックしてください。

●スタックオプションの設定

最後に「レビュー」画面の[スタックの作成]ボタンをクリックするとCloudFormationがデプロイされ、スタックが作成されます。

●レビュー画面

ステータスが「CREATE_IN_PROGRESS」となり、スタックの作成が開始されます。スタックの作成が完了するまでは数分かかるので待ちます。ステータスが「CREATE_COMPLETE」となっていればスタックの作成は完了です。

●スタックのイベント

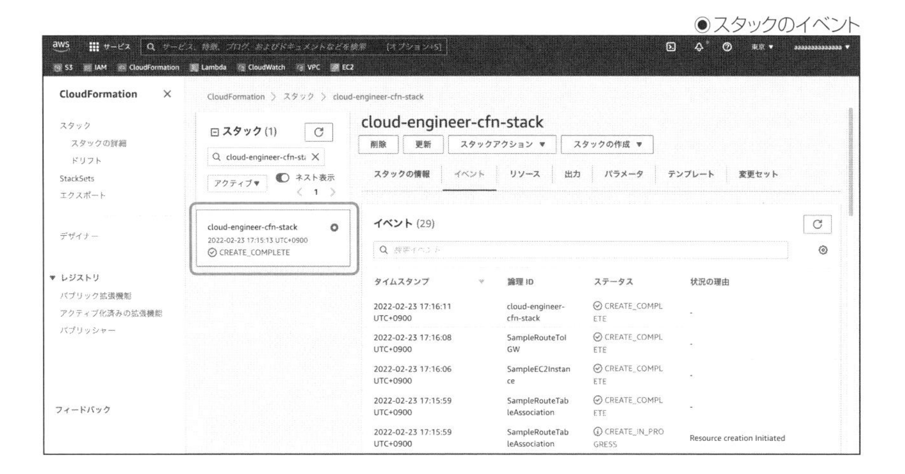

「出力」タブを選択すると、作成したEC2インスタンスのパブリックIPアドレスが表示されます。

●CloudFormationの出力タブ

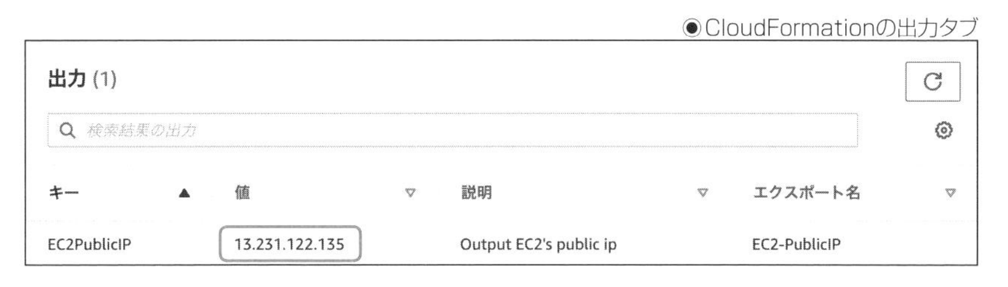

CloudFormationはEC2インスタンスの作成を行いますが、インスタンス起動時に実行されるユーザーデータの実行完了を待たずにデプロイが完了となります。

ユーザーデータで実行するnginxのインストール処理が完了しないとブラウザからはアクセスできないため、コンソール上から作成したEC2インスタンスのステータスを確認します。

「SampleEC2Instance」というインスタンスの「インスタンスの状態」が「実行中」となっていることを確認してください。

●EC2が実行中となっている

ブラウザからHTTPでパブリックIPアドレス（ `http:<EC2のパブリックIP>:80` ）にアクセスしてみます。

デプロイが正常に完了し、スタックが作成されていればnginxのWelcomeページが表示されます。

●nginxのWelcomeページ

Welcome to nginx!

If you see this page, the nginx web server is successfully installed and working. Further configuration is required.

For online documentation and support please refer to nginx.org.
Commercial support is available at nginx.com.

Thank you for using nginx.

◆スタックの削除

コンソールからスタックを削除することで、CloudFormationで作成したリソースを削除できます。スタックの一覧画面から、先ほど作成した「cloud-engineer-cfn-stack」を選択して［削除］ボタンをクリックします。

●スタックの削除

モーダルが表示されるので、［スタックの削除］ボタンをクリックしてください。

●削除モーダル

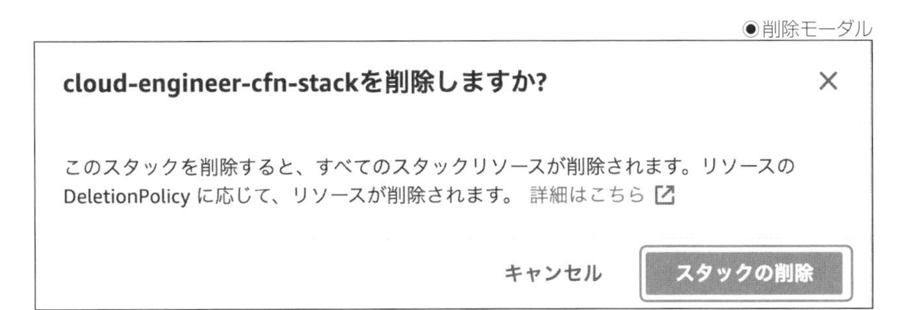

ステータスが「DELETE_COMPLETE」になっていればスタックの削除が完了しています。

●スタックのイベント

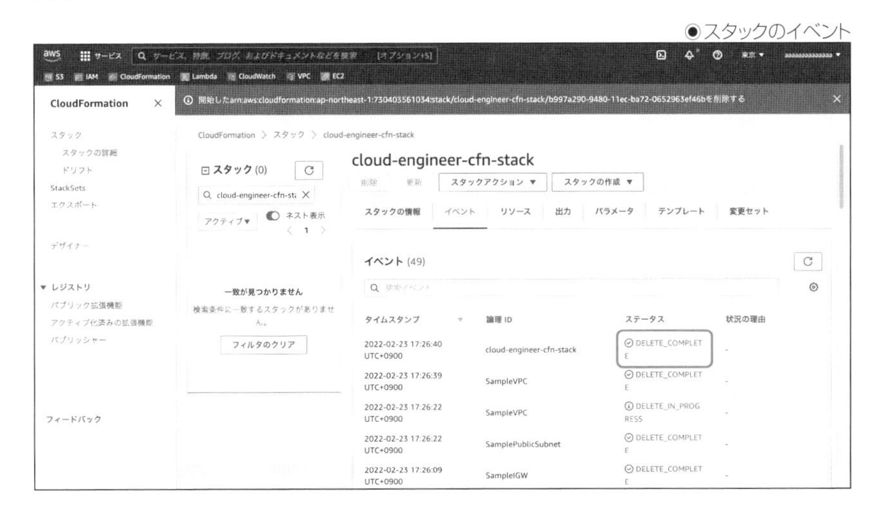

Cloud9上からAWS CLIでデプロイする

前項ではコンソールからCloudFormationのデプロイと削除を行いました。次はCLIを使ってCloudFormationのデプロイと削除を行ってみます。

◆スタックの作成

コマンドラインツールであるAWS CLIを使用してCloudFormationをデプロイし、スタックを作成します。事前に作成したCloud9の環境上でCloud Formationのテンプレートをコーディングして AWS CLIを実行します。

先ほど作成した `main.yaml` をCloud9上にも作成します。Cloud9上のシェルからコマンドを実行し、ディレクトリと `main.yaml` を作成します。

```
ec2-user:~/environment $ mkdir cfn-sample && cd $_
ec2-user:~/environment/cfn-sample $ touch main.yaml
```

Cloud9上のエディターで `main.yaml` を開き、先ほどと同じソースコードを記述してください。

コードを記述したら、`aws cloudformation deploy` コマンドを実行します。

```
ec2-user:~/environment/cfn-sample $ aws cloudformation deploy \
  --region ap-northeast-1 \
  --stack-name cloud-engineer-cfn-stack \
  --template-file ./main.yaml

Waiting for changeset to be created..
Waiting for stack create/update to complete
Successfully created/updated stack - cloud-engineer-cfn-stack
```

`Successfully created/updated stack - cloud-engineer-cfn-stack` とコンソールに表示されればデプロイが完了し、スタックが作成されています。

CloudFormationで作成したEC2インスタンスのパブリックIPアドレスをコマンドで確認します。

```
ec2-user:~/environment/cfn-sample $ aws cloudformation describe-stacks \
  --region ap-northeast-1 \
  --stack-name cloud-engineer-cfn-stack \
  --query 'Stacks[0].Outputs[0].OutputValue'
```

ブラウザからHTTPで `http:<EC2のパブリックIP>:80` にアクセスしてみます。

デプロイが正常に完了し、スタックが作成されていればnginxのWelcomeページが表示されます。

●nginxのWelcomeページ

Welcome to nginx!

If you see this page, the nginx web server is successfully installed and working. Further configuration is required.

For online documentation and support please refer to nginx.org.

◆スタックの削除

AWS CLIでデプロイしたCloudFormationのスタックを削除します。スタックの削除には、`aws cloudformation delete-stack`コマンドを実行します。

```
ec2-user:~/environment/cfn-sample $ aws cloudformation delete-stack \
  --region ap-northeast-1 \
  --stack-name cloud-engineer-cfn-stack
```

`delete-stack`コマンドは削除のリクエストを送るだけなので、実際に削除が完了したかを確認するために`wait stack-delete-complete`を実行します。

```
ec2-user:~/environment/cfn-sample $ aws cloudformation \
  wait stack-delete-complete \
    --region ap-northeast-1 \
    --stack-name cloud-engineer-cfn-stack
```

コマンド実行後、コンソールにエラーなど表示されなければスタックの削除が完了となります。

以上でCloudFormationのサンプルコードの例は終了です。CloudFormationのドキュメントやチュートリアルが公開されているので、詳細について学びたい場合は、そちらを参照してください。

- AWS CloudFormationのドキュメント
  URL https://docs.aws.amazon.com/ja_jp/cloudformation/

- 公式のworkshop
  URL https://cfn101.workshop.aws

SECTION-52

AWS Cloud Development Kit (AWS CDK)の概要

AWS Cloud Development Kit(以下、CDK)は、AWSが提供するInfrastructure as Codeサービスです。CDKを使用することで、AWSのリソースやConstruct Hubで公開されているサードパーティーのリソースを構成管理することができます。

CDKの特徴は、設定ファイルをプログラミング言語で書けることです。執筆時点(2022年7月)で対応しているプログラミング言語としては、TypeScript、Python、Java、.NET、Goがあります。

設定ファイルを記述する際にプログラミング言語を使用できるため、YAMLやJSONと異なり可読性向上や冗長なコードを排除したりできます。TypeScriptのような型のある言語を利用することで、コーディング時に型チェックやエディターのサジェスト機能を有効活用することができるため、効率良くインフラの設定を記述していくことができます。

また、CDKでは抽象度の高いライブラリが提供されているため、CloudFormationと比較して記述量を減らすことができます。

アプリケーションエンジニアにとっては慣れ親しんだプログラミング言語が使えるため、その他のInfrastructure as Codeサービスより取り組みやすいでしょう。一方で、あまりプログラミングに精通していないインフラエンジニアの場合は他のInfrastructure as Codeサービスと比較して若干敷居が高くなってしまうかもしれません。

前述しましたが、CDKは内部的にはCloudFormationを使用しているため、CDKで記述したリソース定義はCloudFormationのスタックに変換されてプロビジョニングされます。CDKを利用する上ではCloudFormationの知識が多少必要となってくる場面もあるため、CDKを利用する前にCloudFormationを触っておくとよいでしょう。

CDKにはv1とv2という複数のバージョンがあります。v2は2021年12月に提供された最新のバージョンです。v2ではいくつかの機能追加やライブラリの依存関係排除が行われているので、基本的にはv2を使用するのがよいでしょう。サンプルコードではCDK v2を使用します。

料金

CDKは無料で使用できますが、CDKで構築したAWSリソースの料金が発生します。CDKの検証で構築したリソースの消し忘れなどには注意してください。

用語や概念

CDKではソースコードで各リソースを定義する際にCDKのライブラリを利用します。CDKのライブラリは次の3つの要素で構成されています。

◆ Constructs

AWSリソースを構築するためのライブラリです。CDKではこのConstructsを組み合わせることでシステムを構築します。

Constructsには、単一のAWSリソースを生成するL1 Constructs(low-level constructs)、関連する複数のリソースを生成するL2 Constructs(high-level constructs)、そしてL2 Constructsよりさらに特定の要件に特化したリソース群を生成するpatternsがあります。

- L1 Constructs(low-level constructs)
  - L1 Constructsは最も抽象度の低いライブラリで、生成対象のリソースの細かい設定まで記述できます。これはCloudFormationテンプレートのResourceと1対1で紐づくリソースです。
- L2 Constructs(high-level constructs)
  - L2 ConstructsはL1 Constructsと比べて抽象度の高いライブラリになっているため、個別リソースの細かい部分の設定はできないようになっています。逆にいえば少ない記述でリソースを設定できるため便利で使いやすいライブラリです。
- patterns
  - Patternsは最も抽象度の高いライブラリで、特定の用途を実現するためにAWSの複数のリソースを1度に生成するためのライブラリです。aws_ecs_patternsというモジュールでは特定の用途向けにAWS ECSを動作させるためのリソースを構築してくれます。

このようにConstructsはレイヤーの異なる複数のライブラリによって構成されています。CDKアプリケーションを構築する際はこれらのConstructsを適切に組み合わせてコードを記述します。

◆ Stack

CDKが構成管理を行う単位でCloudFormationのスタックと同義です。CDKをデプロイするとCloudFormationのスタックが作成されます。
サンプルコードでは、`CloudEngineerCdkStack`という単一のスタックを作成します。

◆ App

CDKでアプリケーションを構築する際のルートコンポーネントです。前述のStackをAppと紐付けることで、Stackで定義されたAWSリソースの生成を行います。

CDKに登場する用語や概念の詳細については公式ドキュメント[2]を参照してください。

[2]：https://docs.aws.amazon.com/ja_jp/cdk/v2/guide/core_concepts.html

SECTION-53

実際にAWS Cloud Development Kit(AWS CDK)を触ってみる

実際にCDKを使用してAWSのリソースの作成から削除までを行ってみましょう。サンプルコードを記述し、203ページに記載した構成を構築していきます。

サンプルコードの記述

サンプルコードは事前に作成したCloud9の環境上で記述していきます。Cloud9の環境にはCDKやNode.js、TypeScriptなどがインストール済みなのですぐにCDKを利用することができます。サンプルコードでは、CDK v2を使用します。

```
ec2-user:~/environment $ cdk --version
2.37.1 (build f15dee0)
```

◆ CDKアプリケーションの作成

`cdk-sample`という作業ディレクトリを用意し、そこにCDKのプロジェクトを作成します。Cloud9上のシェルで次のコマンドを実行して、作業ディレクトリを作成します。

```
ec2-user:~/environment $ mkdir cdk-sample && cd $_
```

CDKプロジェクトを作成するために`cdk init`コマンドを実行します。実行結果に`All done!`と表示されていればプロジェクトの作成は完了です。

```
ec2-user:~/environment/cdk-sample $ cdk init sample-app --language typescript
Applying project template sample-app for typescript
# Welcome to your CDK TypeScript project!

You should explore the contents of this project. It demonstrates a CDK app
with an instance of a stack (`CloudEngineerCdkStack`)
which contains an Amazon SQS queue that is subscribed to an Amazon SNS topic.

The `cdk.json` file tells the CDK Toolkit how to execute your app.

## Useful commands

```

```
 * `npm run build`   compile typescript to js
 * `npm run watch`   watch for changes and compile
 * `npm run test`    perform the jest unit tests
 * `cdk deploy`      deploy this stack to your default AWS account/region
 * `cdk diff`        compare deployed stack with current state
 * `cdk synth`       emits the synthesized CloudFormation template

Executing npm install...
✅ All done!
```

次に cdk bootstrap コマンドを実行します。 cdk bootstrap コマンドはCDKをデプロイする際に必要となるリソースを作成するコマンドです。実行するとCloudFormationによって CDKToolkit というスタックがデプロイされます。

```
ec2-user:~/environment/cdk-sample $ cdk bootstrap
cdk bootstrap
 ⌛  Bootstrapping environment aws://xxxxx/ap-northeast-1...
Trusted accounts for deployment: (none)
Trusted accounts for lookup: (none)
Using default execution policy of 'arn:aws:iam::aws:policy/
AdministratorAccess'. Pass '--cloudformation-execution-policies' to
customize.
CDKToolkit: creating CloudFormation changeset...

 ✅  Environment aws://xxxxx/ap-northeast-1 bootstrapped.
```

ではCDKの設定ファイルを書いていきます。 cdk-sample ディレクトリ内の lib/cdk-sample-stack.ts にコードを書いていきます。

まずは、Stackを表すクラスを作成します。ここでは、VPCにパブリックサブネットを作り、EC2インスタンスを配置する設定を書いています。また、VPC・パブリックサブネット・IGW・ルートテーブルをまとめて構築するL2 Constructを使用します。

SAMPLE CODE lib/cdk-sample-stack.ts

```
import { Stack, StackProps, Tags, CfnOutput } from "aws-cdk-lib";
import * as ec2 from "aws-cdk-lib/aws-ec2";
import { Construct } from "constructs";
```

09 Infrastructure as Code

```
export class CloudEngineerCdkStack extends Stack {
  constructor(scope: Construct, id: string, props?: StackProps) {
    super(scope, id, props);

    // VPCとPublicサブネットを作成するConstructs
    const vpc = new ec2.Vpc(this, "example-vpc", {
      cidr: "10.0.0.0/16",
      enableDnsHostnames: true,
      enableDnsSupport: true,
      subnetConfiguration: [
        {
          name: "public-subnet",
          subnetType: ec2.SubnetType.PUBLIC,
          cidrMask: 24
        }
      ]
    })
    Tags.of(vpc).add("Name", "example-vpc")

    // EC2インスタンスにアタッチするセキュリティグループ
    const securityGroup = new ec2.SecurityGroup(this, "sg-for-ec2", {
      vpc: vpc,
      description: "sg-for-ec2",
      allowAllOutbound: true
    })
    securityGroup.addIngressRule(
      ec2.Peer.anyIpv4(),
      ec2.Port.tcpRange(80, 80),
      "allow http from anywhere"
    )

    // Ubuntu 20.04のAMI
    const ubuntuImage = new ec2.GenericLinuxImage({
      "ap-northeast-1": "ami-088da9557aae42f39"
    })

    // ユーザーデータでnginxをインストール
    const userData = ec2.UserData.forLinux()
    userData.addCommands("apt update -y")
    userData.addCommands("apt install -y nginx")

    // EC2インスタンスの作成
```

```
    const instance = new ec2.Instance(this, "nginx-instance", {
      vpc: vpc,
      instanceType: ec2.InstanceType.of(
        ec2.InstanceClass.T3, ec2.InstanceSize.MICRO
      ),
      machineImage: ubuntuImage,
      allowAllOutbound: true,
      availabilityZone: vpc.availabilityZones[0],
      instanceName: "nginx-instance",
      userData: userData,
      vpcSubnets: {
        subnets: vpc.publicSubnets
      },
      securityGroup: securityGroup
    })

    // EC2のPublic IPアドレスをコンソールに出力する
    new CfnOutput(this, "instance public ip", {
      value: instance.instancePublicIp,
      description: "The public ip of the ec2 instance",
      exportName: "instancePublicIp",
    });
  }
}
```


次にAppコンポーネントの設定を `cdk-sample` ディレクトリ内の `bin/cdk-sample.ts` にコードを書いていきます。先ほど作成した `CloudEngineerCdkStack` を呼び出して、Appコンポーネントに紐づけています。

SAMPLE CODE bin/cdk-sample.ts

```
#!/usr/bin/env node
import * as cdk from "aws-cdk-lib";
import { CloudEngineerCdkStack } from "../lib/cdk-sample-stack";

const app = new cdk.App();
new CloudEngineerCdkStack(app, "CloudEngineerCdkStack");
```

コードを書いたら、CDKToolkitを使用してデプロイを行います。

`Do you wish to deploy these changes (y/n)?` と聞かれるので「y」キーを押して実行します。 ✅ `CloudEngineerCdkStack` という表示とともに、OutputsでEC2インスタンスのパブリックIPアドレスが表示されます。

```
ec2-user:~/environment/cdk-sample $ cdk deploy
(..省略..)
Do you wish to deploy these changes (y/n)? y

✅  CloudEngineerCdkStack

Outputs:
CloudEngineerCdkStack.instancepublicip = 35.77.95.98
```

表示されたIPアドレスにブラウザでアクセスしてみましょう。デプロイが正常に完了していればnginxのWelcomeページが表示されます。

●nginxのWelcomeページ

Welcome to nginx!

If you see this page, the nginx web server is successfully installed and working. Further configuration is required.

For online documentation and support please refer to nginx.org.

◆CDKアプリケーションの削除

CDKで生成したリソースの削除を行います。CDKアプリケーションの削除は `cdk destroy` コマンドを実行します。「本当に削除しますか?」と聞かれるので「y」キーを押して実行します。

```
ec2-user:~/environment/cdk-sample $ cdk destroy
Are you sure you want to delete: CloudEngineerCdkStack (y/n)?
```

`✅  CloudEngineerCdkStack: destroyed` と表示されれば削除は完了です。

以上でCDKのサンプルコードの例は終了です。CDKのドキュメントやチュートリアルが公開されています。CDKの詳細について学びたい場合はそちらを参照してください。

- AWS CDKのドキュメント
  URL https://docs.aws.amazon.com/cdk/api/v2/

- 公式のworkshop
  URL https://cdkworkshop.com/

COLUMN

AzureとGCPのInfrastructure as Codeサービス

ここまでAWSが提供するInfrastructure as Codeサービスについて紹介してきましたが、Microsoft Azure(以降、Azure)やGoogle Cloud Platform(以降、GCP)でもInfrastructure as Codeサービスが提供されています。

AzureではAzure Resource Managerテンプレートが、GCPではGoogle Cloud Deployment Managerが提供されています。これらのサービスについては本書では取り扱いませんが、気になる場合はドキュメントやチュートリアルが公開されているので、そちらを参照してください。

- Azure Resource Managerテンプレート 公式ドキュメント
  URL https://docs.microsoft.com/ja-jp/azure/azure-resource-manager/templates/
- Azure Resource Managerテンプレートチュートリアル
  URL https://docs.microsoft.com/ja-jp/azure/azure-resource-manager/templates/template-tutorial-create-first-template?tabs=azure-powershell
- Google Cloud Deployment Manager 公式ドキュメント
  URL https://cloud.google.com/deployment-manager/docs?hl=ja
- Google Cloud Deployment Manager チュートリアル
  URL https://cloud.google.com/deployment-manager/docs/tutorials?hl=ja

SECTION-54

Terraformの概要

Terraform[3]はHashiCorp社により開発されているオープンソースソフトウェアのInfrastructure as Codeサービスです。Terraformはリソースの作成先となるクラウドサービスやプラットフォームに応じてプラグインを導入する形式となっています。プロバイダーという名称でさまざまなプラグインが提供されており、AWS・Azure・GCPなどのクラウドサービスやCloudFlareやDatadogといったSaaSのリソースを構築できます。

開発やメンテナンスが活発に行われておりネット上の情報も豊富にあるため、Infrastructure as Codeサービスとして採用実績が多く、クラウドエンジニアとして触る機会が多いでしょう。

料金

Terraformはオープンソースソフトウェアとして提供されているInfrastructure as Codeツールなので、利用することに料金はかかりません。

用語や概念

Terraformの用語や概念を押さえておきましょう。

◆プロバイダー

上述しましたが、Terraformではクラウドベンダーやsaasなどを構成管理するためにプロバイダーが提供されています。Terraformでは多くのプロバイダーが提供されており、2022年7月時点で2000以上のプロバイダーが提供されています。

プロバイダーには、Terraformの開発元であるHashicorpが提供するものと、Hashicorpによって承認されたもの、コミュニティにより開発されたものがあります。Terraformで構成管理する対象に応じてプロバイダーをインストールする必要があります。

- プロバイダー

  URL https://registry.terraform.io/browse/providers

[3]：https://www.terraform.io/

◆ステートファイル

ステートファイルはTerraformがインフラの構成管理を行うために使用するファイルで、構成管理対象のインフラの状態を記録するものとなります。Terraformでは、設定ファイルとステートファイルの状態を比較することで実行計画を算出しています。Terraformが構成管理を行う上で非常に重要なものとなっているため、扱いには細心の注意を払う必要があります。

SECTION-55

実際にTerraformを触ってみる

実際にTerraformを使用してAWSのリソースの作成から削除までを行ってみましょう。サンプルコードを記述し、203ページに記載した構成を構築していきます。

Terraformのインストール

Cloud9上でTerraformをインストールします。TerraformはGo言語で作られており、マルチプラットフォームに対応したツールです。開発環境のCloud9はAmazon Linuxで作成したので、それに合わせたインストールを行います。

Cloud9上のシェルで次のコマンドを実行します。

```
$ sudo yum install -y yum-utils
$ sudo yum-config-manager \
  --add-repo https://rpm.releases.hashicorp.com/AmazonLinux/hashicorp.repo
$ sudo yum install -y terraform-1.2.5-1.x86_64
```

正しくインストールできたか確認するためにコマンドを実行します。

```
ec2-user:~/environment $ terraform version
Terraform v1.2.5
on linux_amd64
```

なお、各プラットフォーム応じてインストール方法は異なります。インストール方法の詳細については公式ドキュメント[4]を参照してください。

サンプルコードの記述

ローカルマシン上に作業ディレクトリを作成し、Terraformの設定ファイルを作成します。本項では `terraform-sample` という作業ディレクトリを用意し、そこにTerraformの設定ファイルを作っていきます。

Terraformの設定ファイルは、`.tf` という拡張子で作成します。Terraformでは `.tf` という拡張子のファイル名を自動的に読み込んでくれます。今回は `main.tf` というファイル名で作成します。

[4]：https://www.terraform.io/downloads

次のコマンドを実行して、作業ディレクトリと設定ファイルを作成します。

```
ec2-user:~/environment $ mkdir terraform-sample && cd $_
ec2-user:~/environment/terraform-sample $ touch main.tf
```

ではTerraformの設定ファイルを書いていきます。

TerraformではHCL(HashiCorp Configuration Language)という記法を用いて設定ファイルを記述します。HCLは、JSONやYAMLに比べると馴染みのない記法ですが、文法が平易で習得するコストは高くありません。HCLについての詳細は公式ドキュメント[5]を参照ください。

まずはTerraformの設定を記述していきます。ここでは、使用するTerraformやプロバイダーのバージョンを指定しています。 `terraform` ブロックの詳細については公式ドキュメント[6]を参照してください。

SAMPLE CODE main.tf

```
# Terraformの設定
terraform {
  required_version = "~> 1.2.5"
  required_providers {
    aws = {
      source  = "hashicorp/aws"
      version = "4.22.0"
    }
  }
}
```

次にAWS Providerの設定を記述します。AWS Providerは、Terraformを使用してAWS上にリソースを作成する際に使用されます。サンプルコードではリージョンの指定を行っています。AWS Providerの詳細についてはAWS Providerのドキュメント[7]を参照してください。

SAMPLE CODE main.tf

```
# AWS Providerの設定
provider "aws" {
  region = "ap-northeast-1"
}
```

[5] : https://www.terraform.io/language
[6] : https://www.terraform.io/language/settings
[7] : https://registry.terraform.io/providers/hashicorp/aws/latest/docs

AWSの各リソースの設定を書いていきます。それぞれのリソースの詳細については公式ドキュメント[8]を参照してください。

SAMPLE CODE main.tf

```
# VPC
resource "aws_vpc" "sample" {
  cidr_block = "10.0.0.0/16"
  tags = {
    "Name" = "sample-vpc"
  }
}

# インターネットゲートウェイ
resource "aws_internet_gateway" "sample" {
  vpc_id = aws_vpc.sample.id
  tags = {
    "Name" = "sample-igw"
  }
}

# パブリックサブネット
resource "aws_subnet" "public" {
  vpc_id                  = aws_vpc.sample.id
  availability_zone       = "ap-northeast-1a"
  cidr_block              = "10.0.1.0/24"
  map_public_ip_on_launch = true
  tags = {
    "Name" = "sample-public-subnet"
  }
}

# ルートテーブル
resource "aws_route_table" "sample_route_table" {
  vpc_id = aws_vpc.sample.id
}

# インターネットに向けるルート
resource "aws_route" "route_to_igw" {
  route_table_id         = aws_route_table.sample_route_table.id
  destination_cidr_block = "0.0.0.0/0"
  gateway_id             = aws_internet_gateway.sample.id
  depends_on             = [aws_route_table.sample_route_table]
```

[8] : https://registry.terraform.io/providers/hashicorp/aws/4.22.0/docs/resources

```
}

# ルートテーブルとパブリックサブネットの紐付け
resource "aws_route_table_association" "with_public_subnet" {
  subnet_id      = aws_subnet.public.id
  route_table_id = aws_route_table.sample_route_table.id
}

# セキュリティグループ
resource "aws_security_group" "sample" {
  name   = "allow-http"
  vpc_id = aws_vpc.sample.id
}

resource "aws_security_group_rule" "allow_http_from_anywhere" {
  type              = "ingress"
  protocol          = "tcp"
  from_port         = 80
  to_port           = 80
  cidr_blocks       = ["0.0.0.0/0"]
  security_group_id = aws_security_group.sample.id
}

resource "aws_security_group_rule" "allow_all_to_internet" {
  type              = "egress"
  protocol          = "-1"
  to_port           = 0
  from_port         = 0
  cidr_blocks       = ["0.0.0.0/0"]
  security_group_id = aws_security_group.sample.id
}

# EC2インスタンス
resource "aws_instance" "sample" {
  ami                    = "ami-088da9557aae42f39"
  instance_type          = "t3.micro"
  subnet_id              = aws_subnet.public.id
  vpc_security_group_ids = [aws_security_group.sample.id]
  user_data              = <<EOF
    apt update -y
    apt install -y nginx
  EOF
}
```

terraform init

設定ファイルを記述したら、`terraform init` コマンドを実行します。`terraform init` コマンドを実行すると、Terraformのバージョンチェックや、実行に必要なProviderのインストールが行われます。

はじめてTerraformの設定ファイルを書く際や、Providerのバージョンなどを更新した際には `terraform init` コマンドを実行する必要があります。

```
ec2-user:~/environment/terraform-sample$ terraform init
```

コンソールに `Terraform has been successfully initialized!` と表示されれば問題ありません。

`terraform init` コマンドを実行すると、カレントディレクトリに `.terraform` ディレクトリと `terraform-lock` が作成されます。 `.terraform` ディレクトリにはインストールしたProviderが配置されます。 `terraform-lock` はProviderのバージョンをロックするためのファイルです。

terraform plan

設定ファイルを書き終えたら、`terraform plan` コマンドを実行してリソース作成を行う際の実行計画を確認します。

```
ec2-user:~/environment/terraform-sample $ terraform plan

Terraform used the selected providers to generate the following execution
plan. Resource actions are indicated with the following symbols:
  + create

Terraform will perform the following actions:

  # aws_instance.sample will be created
  + resource "aws_instance" "sample" {
      + ami                                  = "ami-088da9557aae42f39"
      (..省略..)

Plan: 10 to add, 0 to change, 0 to destroy.
```

`terraform plan` は次の記号を用いて実行計画を表示してくれます。

- 「+」はリソースの作成を表す
- 「~」はリソースの更新を表す
- 「-/+」はリソースの再作成(作り直し)を表す
- 「-」はリソースの削除を表す

今回はリソースの新規作成なので、すべて + で表示されます。

`Plan: 10 to add, 0 to change, 0 to destroy.` と表示されれば問題ありません。設定ファイルに記述した各AWSリソースの生成内容を表す実行計画が表示されます。

terraform apply

では実際にリソースの作成を行ってみましょう。

リソースを作成するには `terraform apply` コマンドを実行します。

コマンドを実行すると、`terraform plan` コマンド実行時と同じくリソース作成の実行計画が表示され、最後に `Do you want to perform these actions?` と入力を求められるので、`yes` を入力してリソースを作成します。

```
ec2-user:~/environment/terraform-sample $ terraform apply

Terraform used the selected providers to generate the following execution
plan. Resource actions are indicated with the following symbols:
  + create

Terraform will perform the following actions:

(...terraform planの内容と同じなので省略...)

Plan: 10 to add, 0 to change, 0 to destroy.

Do you want to perform these actions?
  Terraform will perform the actions described above.
  Only 'yes' will be accepted to approve.

  Enter a value: yes
```

`yes` を実行すると、コンソールにリソース作成のログが表示されます。`Apply complete! Resources: 10 added, 0 changed, 0 destroyed.` という表示と、`ec2_public_ip` が表示されていれば `terraform apply` コマンドは完了です。

作成したリソースの確認

コンソール上からリソースが作成されていることを確認しましょう。AWS EC2のページで「cloud-engineer」で検索するとインスタンスが作成されていることがわかります。

●作成したAWS EC2インスタンス

`terraform apply` の実行完了時にEC2インスタンスのパブリックIPが出力されています。ブラウザからHTTPで `http:<EC2のパブリックIP>:80` にアクセスしてみます。デプロイが正常に完了していればnginxのWelcomeページが表示されます。

●nginxのWelcomeページ

Welcome to nginx!

If you see this page, the nginx web server is successfully installed and working. Further configuration is required.

For online documentation and support please refer to nginx.org.
Commercial support is available at nginx.com.

Thank you for using nginx.

Terraformのtfstateについて

`terraform apply` を実行するとデフォルトでは、カレントディレクトリ上に `terraform.tfstate`（以降、`tfstate`）というファイルが作成されます。これは、Terraformによって作成・管理されているリソースの状態が記録されています。

Terraformは `tfstate` ファイルと設定ファイルの内容を比較することで、実行計画を算出します。

COLUMN

tfstateの管理について

`tfstate` にはRDSのパスワードなど秘匿情報が記述されることがあります。そのため、`tfstate` はGitなどのVCSで管理しないようにしてください。

また、チームでTerraformを使用する場合は、`tfstate` をAWS S3バケットやGoogle Cloud Storageなどのクラウドストレージに配置し、チーム全体で同じ `tfstate` を参照します。 `tfstate` の管理はBackend[9]という設定を記述して指定します。

terraform destroy

最後にTerraformで作成した各AWSリソースの削除を行います。Terraformで作成したリソースは、`terraform destroy` コマンドで削除できます。

コマンドを実行すると、リソース削除の実行計画が表示され、最後に「実行しますか?」と入力を求められます。 `yes` を入力するとリソースの削除が実行されます。

```
ec2-user:~/environment/terraform-sample $ terraform destroy



Terraform used the selected providers to generate the following execution
plan. Resource actions are indicated with the following symbols:
  - destroy


```

[9]：https://www.terraform.io/language/settings/backends/configuration

```
(...省略...)

Plan: 0 to add, 0 to change, 10 to destroy.

Do you really want to destroy all resources?
  Terraform will destroy all your managed infrastructure, as shown above.
  There is no undo. Only 'yes' will be accepted to confirm.

  Enter a value: yes
```

`Destroy complete! Resources: 10 destroyed.` と表示されていれば `terraform destroy` コマンドは完了です。

以上でTerraformのサンプルコードの例は終了です。

Terraformはドキュメントやチュートリアルが豊富に公開されているので、詳細について学びたい場合は、そちらを参照してください。

- Terraformの公式ドキュメント
  URL https://www.terraform.io/docs

- Terraformの公式チュートリアル
  URL https://learn.hashicorp.com/terraform

本章のまとめ

本章ではInfrastructure as Codeの概要から各クラウドベンダーが提供しているInfrastructure as Codeサービスまで触れてきました。
クラウドベンダーが提供するサービスは年々増えてきており、システム開発においても利用するクラウドサービスは増えています。増大するインフラリソースを効率的に構成管理を行うためにInfrastructure as Codeを利用することはデファクトスタンダードになっています。

本章を通してInfrastructure as Codeに興味を持っていただけたのであれば、各Infrastructure as Codeサービスなどをさらに深堀りしてみてください。

本章が読者の皆さんがInfrastructure as Codeを利用するためのファーストステップとなれば幸いです。

CHAPTER 10
クラウド上でコンテナを扱う

本章の概要

本章ではクラウド上でコンテナを実行するまでの手順を見ていくことで、クラウド上でのコンテナの取り扱いについて理解を深めていきます。

クラウドベンダー各社はコンテナを基盤としたサービスを次々にリリースしています。コンテナに関連するトピックは裾野が広いため、どのドキュメントをどう読んでいけば理解できるのかわからないという方も多いと思います。そこで本章では、クラウド上でコンテナを実行するまでの手順を見ていくことでコンテナの特徴を押さえてきます。

最初にコンテナの概要や特徴について触れた後、クラウドベンダー各社のコンテナ関連サービスに触れていきます。次にコンテナの実行に必要なソフトウェアのインストールや設定を行い、シンプルなWebアプリケーションのコンテナをローカルPC上で実行します。最後にローカルPC上で実行したものと同じコンテナをGCP(Google Cloud Platform)のサービスの1つであるCloud Runを利用して実行し、クラウド上でのコンテナの取り扱いについて理解を深めていきます。

なお、本章ではコンテナにはじめて触れる方でも理解がしやすいように、本番環境としてコンテナ関連サービスを利用する上でいずれ必要となる応用的なトピック、たとえばデータベースを利用した永続化データの取り扱いやコンテナオーケストレーションといったトピックについては触れていません。

コンテナ型仮想化とは

コンテナとはアプリケーションとその実行に必要なライブラリを1つにまとめた箱のようなものです。このコンテナを作ったり実行したりするための技術全般をコンテナ型仮想化と呼びます。

実世界では、コンテナにさまざまな荷物を詰めることで鉄道・船・航空機といったさまざまな手段で輸送が可能となっています。それに対してITの世界でのコンテナでは、アプリケーションとライブラリをコンテナに詰めることで、コンテナを実行できる環境であればどこでもコンテナをそのまま実行できるようになります。

コンテナと仮想マシンによる仮想化の違いはよく比較されます。仮想マシンによる仮想化ではハイパーバイザーといった仮想化ソフトウェアが利用されるのに対し、コンテナ型仮想化ではアプリケーションとライブラリを1つにまとめたコンテナイメージとコンテナを実行するためのコンテナランタイムの組み合わせで利用されます。コンテナランタイムを利用すると、コンテナから見た場合はあたかも別のOSを利用しているかのような環境のように見えます。コンテナではOSのカーネルを共有して利用することで仮想マシンに比べて動作が軽量であるという特徴もあります。

●実世界のコンテナ

●ITの世界のコンテナ

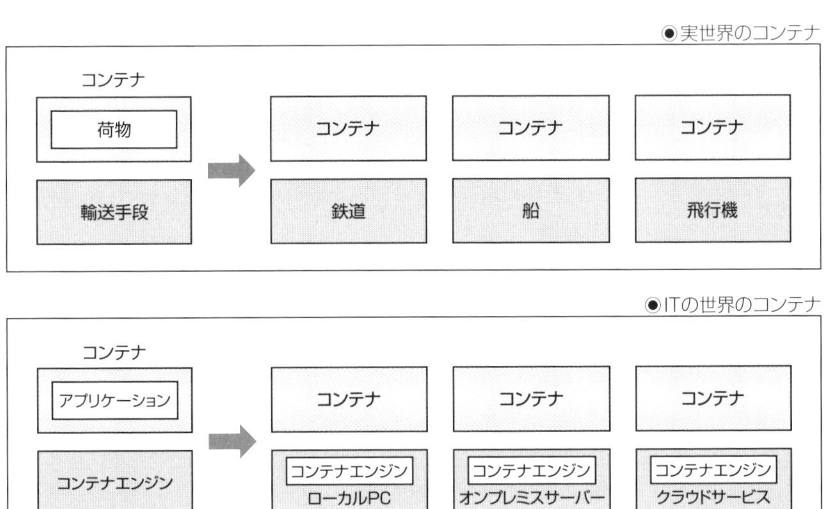

◉コンテナ型仮想化

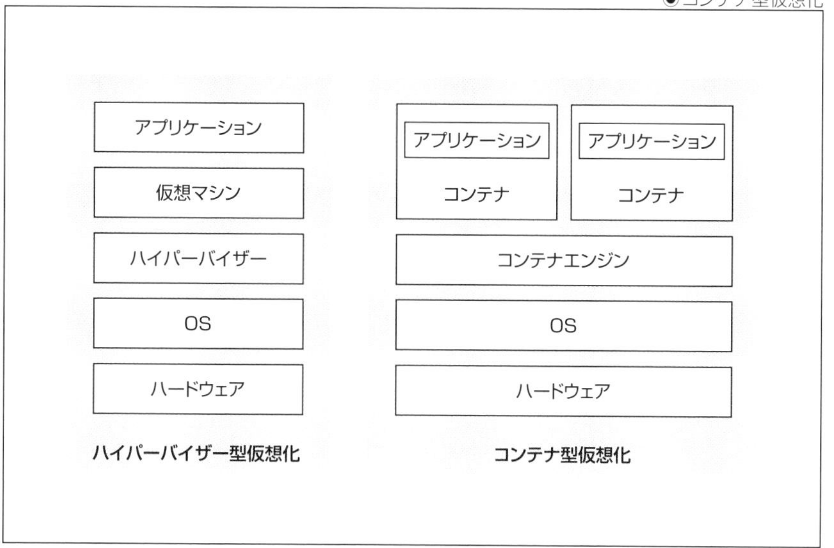

Dockerとは

Dockerは、Docker社(旧dotCloud社)によって開発がスタートされた、コンテナ型仮想化を実現するためのプラットフォームです。Dockerの登場以前にもコンテナ型仮想化を支えている技術要素は存在していましたが、Dockerによって使いやすいコンテナ型仮想化の仕組みが整備されたことでコンテナ型仮想化が一気に広まりました。

COLUMN

コンテナの標準化

以前は複数のベンダーによって独自のコンテナランタイムが開発され、コンテナ型仮想化技術に互換性がない状況でした。

しかし、現在ではOCI(Open Container Initiative)やCNCF(Cloud Native Computing Foundation)といったコンテナ技術に関する業界団体が結成され、コンテナランタイムやコンテナイメージの規格が標準化されました。

具体的にはOCIにてOCI Runtime SpecificationやOCI Image Specification、CNCFにてCRI(Container Runtime Interface)という規格が標準化されました。

- OCI
  URL https://opencontainers.org

- CNCF
  URL https://www.cncf.io

現在では標準化された規格をもとに複数のベンダーが独自のコンテナランタイムを開発しています。

コンテナの標準化に関連するドキュメントは多くのものが公開されています。

- OCI Runtime Specification
  URL https://github.com/opencontainers/runtime-spec

- OCI Image Specification
  URL https://github.com/opencontainers/image-spec

- CRI
  URL https://kubernetes.io/docs/concepts/architecture/cri

●containerd

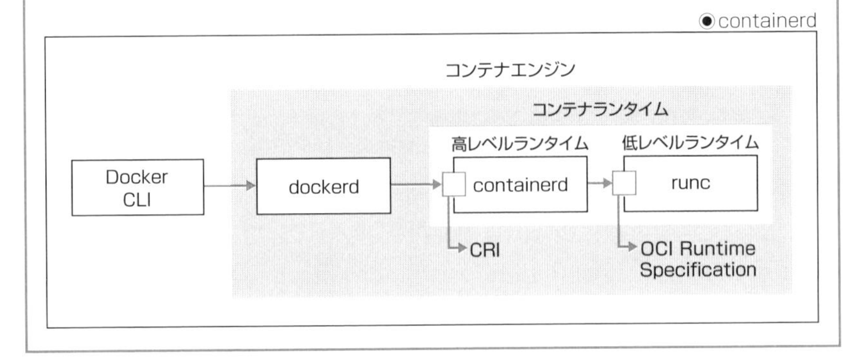

コンテナの特徴

コンテナの特徴は次の通りです。

軽量な動作

コンテナと仮想サーバーについて体感できる大きな差として起動時間の違いが挙げられます。コンテナを利用したことがある人は、はじめてコンテナを起動したときの速さに驚いた記憶があるかもしれません。

一般的にコンテナは数秒、仮想サーバーは数十秒〜数分といったように起動時間に大きな差が生まれます。これは仮想サーバーがハイパーバイザー上でOSから起動が必要なのに対して、コンテナはすでに起動しているOS上でコンテナを含むいくつかのOSプロセスを起動するだけでよいという動作の違いが大きく影響しています。この起動時間の違いは開発PC上でのスピーディーな開発環境の立ち上げやクラウド上でのアプリケーションの短時間でのスケールアウトの実現といったさまざまな面でメリットとなります。

ポータビリティ

コンテナは、コンテナランタイムがある環境であればどこでも実行できるというポータビリティを持っています。たとえば、ローカルPCでビルドして動作確認をしたコンテナイメージをオンプレミスサーバーのステージング環境でチェックするといったワークフローを実現できます。さらに、ステージング環境で問題がなければクラウドサービスの本番環境へデプロイするといったワークフローも実現できます。AさんのローカルPCで発生した事象がBさんのローカルPCで再現しないといった問題を解決したり、本番環境で発生した事象をローカルPCで検証しやすくしたりといったメリットを享受できるのです。

もちろん、このようなワークフローは仮想サーバーでも実現できますが、コンテナの軽量な動作と相まって開発者にとってもより使い勝手がよいワークフローとなります。また、コンテナ型仮想化は、コンテナイメージをビルドする際には `Dockerfile` の記述が必要となります。そのため、必然的にInfrastructure as Codeが実現され、Infrastructure as Codeの持つ再現性といったメリットも併せ持っています。手元のローカルPCから本番環境まで一気通貫でコンテナを利用することで、よりよい開発体験を実現できるでしょう。

ステートレス

コンテナをはじめて利用したときの落とし穴としてよく挙げられるのがコンテナのデータ永続化に関する動作です。仮想サーバーでは仮想サーバー上で実行されたアプリケーションのデータはそのまま永続的に保存されるのが一般的です。しかしコンテナでは何も対策を行わずにコンテナを停止するとアプリケーションのデータは消失します。仮想サーバーではサーバーを停止・再起動しても変更されたデータがそのまま保存されるのに対し、同じ感覚でコンテナを停止・再起動するとデータが消えて元の状態に戻ってしまうという重要な特徴があります。

それではコンテナ再起動のたびに消えてほしくないデータはどこに保存すればよいのでしょうか。クラウドにおいては、別のストレージサービスやデータベースに保存する使われ方が一般的です。

この特徴が威力を発揮するのはスケーラブルなアプリケーションを構築・運用するような場面です。クラウド上でアプリケーション利用の負荷状況に合わせて実行するコンテナの数を増減させることが簡単に行えるようになります。

SECTION-58

パブリッククラウドのコンテナサービス

この節では、パブリッククラウドの代表的なコンテナサービスについて見ていきます。

CaaS(Container as a Service)

最初はCaaS(Container as a Service)です。プロダクトにコンテナを利用する場合、複数のコンテナを連携して動作させる必要があります。複数のコンテナを連携させる仕組みをコンテナオーケストレーションと呼びます。

クラウド上でのコンテナオーケストレーションにはクラウドベンダーが実装したものと、Kubernetesによるものの大きく2つがあります。Kubernetesは Google社内で利用されていた「Borg」と呼ばれるソフトウェアをもとにして作られたコンテナオーケストレーションのオープンソースソフトウェアです。

クラウドベンダー独自のコンテナオーケストレーションサービスと、Kubernetesによるコンテナオーケストレーションサービスの例としては、下表のものが挙げられます。

●CaaSの例

パブリッククラウド	独自のコンテナオーケストレーション	Kubernetesによるコンテナオーケストレーション
AWS	ECS (Elastic Container Service)	EKS (Elastic Kubernetes Service)
Azure	App Service	AKS (Azure Kubernetes Service)
GCP	Cloud Run	GKE (Google Kubernetes Engine)

どちらのサービスを使うかの判断ポイントとしてはKubernetesを利用したコンテナを運用したいかどうかがポイントになります。Kubernetesによるコンテナオーケストレーションサービスでは、Kubernetesによりコンテナの実行基盤やコンテナの運用を標準化できます。オンプレミスのKubernetesクラスターとのハイブリッドクラウド構成であったり、複数のクラウドをまたいだマルチクラウド構成を取りやすいといったメリットがあります。クラウドベンダー独自のコンテナオーケストレーションサービスでは、より手軽にコンテナを運用できるといったメリットがあります。

プロダクトの開発初期はクラウドベンダー独自のコンテナオーケストレーションサービスを利用して運用負荷を低く抑えることできるでしょう。また、プロダクトが成長したらKubernetesで高度な運用を試みることもできます。プロダクトのフェーズやニーズに合わせてどちらのサービスを利用するか検討してみてください。

FaaS(Function as a Service)

次は、コンテナを実行できるFaaS(Function as a Service)について見ていきます。

コンテナを実行できるFaaSの例としては、下表のものが挙げられます。

●コンテナを実行できるFaaS

パブリッククラウド	FaaS
AWS	AWS Lambda
Azure	Azure Functions
GCP	Cloud Functions

FaaSではサービスがサポートしているプログラミング言語やランタイムであれば、ソースコードを設定するだけでアプリケーションを実行できます。

しかし、まだサービスがサポートしていないプログラミング言語や新しいバージョンのランタイムなどの場合、ソースコードを設定しただけではFaaSを利用できません。そのような場合にはプログラミング言語やランタイムを含んだ独自のコンテナイメージをビルドし設定することで、コンテナイメージをFaaSのソースコードの代わりとして利用できます。

厳密には各サービスの仕様に沿ってDockerfileを記述する必要があるため、利用にあたっては各サービスのドキュメントを参照してください。

コンテナレジストリサービス

最後はコンテナイメージを登録できるコンテナレジストリサービスです。コンテナレジストリサービスの例としては下表のものが挙げられます。プロダクトのコンテナイメージは非公開としてプライベートで管理したい場合にこれらのサービスを利用します。

●コンテナレジストリサービス

パブリッククラウド	コンテナレジストリ
AWS	Amazon ECR(Elastic Container Registry)
Azure	ACR(Azure Container Registry)
GCP	Artifact Registry

SECTION-59

クラウド上でコンテナを扱うメリット

クラウド上でコンテナを扱うメリットには次の3つがあります。

コンテナ基盤の運用をクラウドベンダーに任せられる

コンテナは非常に便利な技術ではあるものの、本番環境でコンテナを運用する場合にはコンテナを実行する基盤の構築や運用に手間がかかります。そこでクラウドを利用するとコンテナエンジンのアップデートや可用性の確保をクラウドベンダーに任せられ、プロダクトの成長に必要なアプリケーション開発へ集中できるようになります。

アプリケーションの実行基盤を抽象化できる

アプリケーションを実行するという観点ではコンテナ以外にはクラウドベンダーが独自に開発したPaaSサービスを利用できます。しかし、PaaSを利用しているときに他のアプリケーション実行エンジンを利用したくなるか、もしくはPaaSサービス自体が終了してしまうようなことが起きると、新しい環境に合わせてアプリケーションを改修する手間が生じます。

そこでコンテナを使うと、開発環境であるローカルPC上で検証したコンテナを本番環境であるクラウドで実行できるのと同じように、他のクラウドサービスでもコンテナを実行できるようになります。また、PaaSと比べてコンテナはいわゆるベンダーロックインと呼ばれる、特定ベンダーの独自技術に大きく依存することで他ベンダーに移行しにくくなる状況を避けやすいともいえます。

クラウドのマネージドサービスと連携が取りやすい

プロダクトの本番環境としてコンテナを利用する場合、負荷分散のためのロードバランサーやオートスケーリングといった仕組みが必要になります。それ以外にもデータベースによるデータの永続化、メッセージキューによるデータ連携、アプリケーションログの保存・検索、もしくはリソース使用量のモニタリングといった多くの周辺環境の利用を考慮する必要があります。

クラウドではこれらの機能がマネージドサービスとして提供されており、かつコンテナサービスと連携しやすいようになっています。

　このように3つのメリットを記しましたが、要するにクラウドベンダーに任せられることは任せて、より本質的な作業に取り組むことができるというのが最大のメリットかもしれません。

株式会社ハートビーツでの利用例

筆者が勤務している株式会社ハートビーツでは一部の社内システムの開発・運用にGCPのGKEを利用しています。ソースコードの管理にはGitLab Community Editionを利用しており、CI/CDの実行基盤としても活用しています。

GitLabへ変更したコードをプッシュするとアプリケーションのビルド・テスト、コンテナイメージのビルド・プッシュ、GKEクラスターへのデプロイまでの一連の流れがCI/CDとして実行されます。新しいコンテナの起動、古いコンテナから新しいコンテナへのトラフィックの切り替え、古いコンテナの停止はKubernetesが行うため、開発者はコードの変更に意識を集中できます。よりよいシステムの開発・運用を実現するためには、このような開発体験が良い環境の整備は必要不可欠なものであり、株式会社ハートビーツにとっても欠かすことのできない仕組みの1つとなっています。

一方で、最初からすべてのCI/CDの仕組みを整備するのはとても手間がかかるという側面もあります。多くのCI/CDの実行基盤ではビルドやテストの手順をスクリプトとして実装する必要があり、開発・運用の成長と合わせてメンテナンスをしていかなければなりません。

最初からすべての仕組みを準備するのではなく開発・運用の成長に合わせて整備をしていったり、GCPであればCloudBuildといったマネージド・サービスの利用を検討してみるのもよい考えです。

●CI/CDによるコンテナのデプロイ

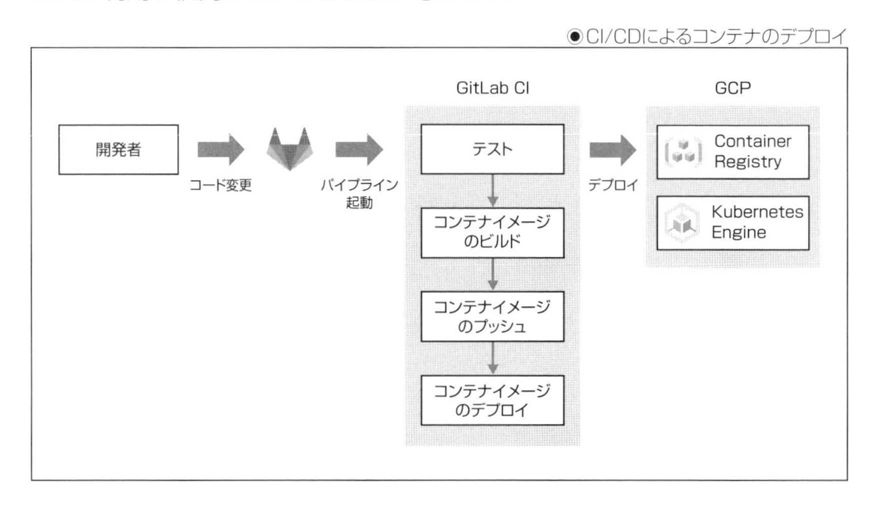

SECTION-61

コンテナを実行してみる

ここではコンテナの実行に必要なソフトウェアのインストールや設定をした後、実際にコンテナを実行する流れを見ていきます。なお、AWS・Azure・GCPのクラウドサービスのいずれにおいてもコンテナを実行する作業の流れは似ていることから、本章ではGCPでの実行例のみ記載しています。一部、AWS・Azure固有の設定部分については各クラウドサービスの公式ドキュメントを参照してください。

最初にWebサーバーの1つであるnginxのコンテナをローカルPC上で実行します。nginxのコンテナイメージは公開されているものを利用します。次にシンプルなメッセージを表示するGo言語製のWebアプリケーションのコンテナをローカルPC上でビルドし実行します。そして最後にローカルPCで動作確認をしたGo言語製のWebアプリケーションのコンテナをGCPのCloud Runへデプロイし実行します。

本章のサンプルはIntelアーキテクチャのmacOS(Moterey)で動作確認を行っています。Windowsを利用している場合は、WSL(Windows Sub system for Linux)を利用して環境を準備してください。各々のツールがサポートしている環境については公式ドキュメントを参照してください。

準備

まずは事前準備を行います。

◆ Docker Desktopをインストールする

Docker DesktopはローカルPC上でコンテナを実行するために必要なソフトウェア群です。コンテナを実行するためのランタイムやコンテナの操作を指示するCLIツールから構成されています。

●Docker Desktop

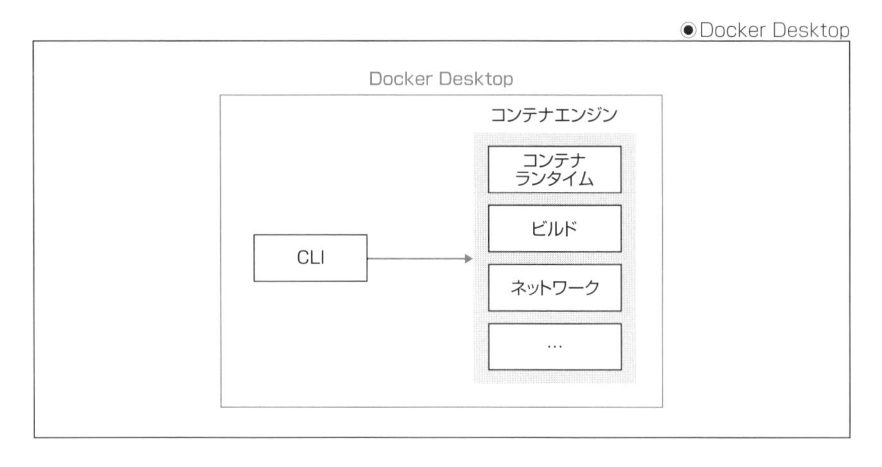

macOS/Windows/Linuxの環境をサポートしているため、ほとんどのPCにインストールできます。OSごとにインストール手順が異なるため、公式ドキュメント[1]に従ってインストールを進めてください。macOSであれば、dmgファイルをダウンロード後に実行することでインストールできます。

●Docker Desktopのインストール

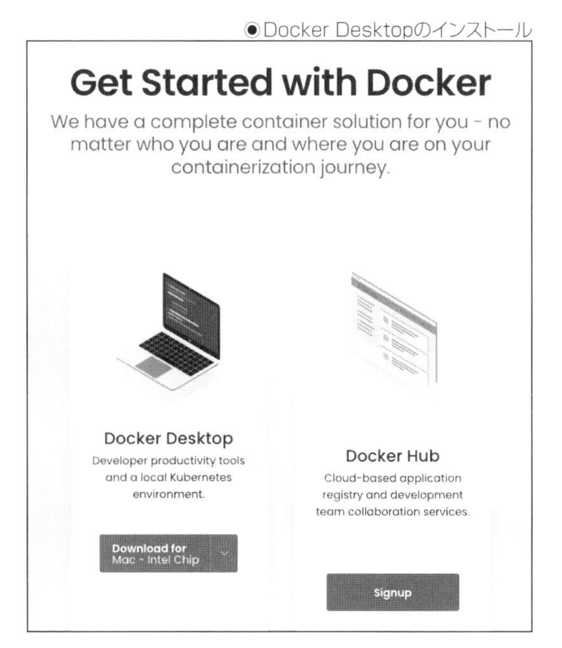

[1]：https://www.docker.com/get-started

インストールが完了したら、ターミナルを開いてDockerのバージョンを確認するコマンドを実行します。Dockerのバージョンが表示されれば問題なくインストールが完了していることがわかります。

```
# Dockerのバージョンを表示する
$ docker -v
```

◆Google Cloud SDKをインストールする

Google Cloud SDK(以降、Cloud SDK)はGCPの各種サービスをCLIから操作するために必要なソフトウェアです。ローカルPCでビルドしたコンテナイメージをGCPのArtifact Registoryへ登録するためにはCloud SDKが必要になります。

まずは公式ドキュメント[2]に従ってインストールを進めてください。macOSであれば、.tar.gz形式のアーカイブファイルをダウンロードして任意のディレクトリにアーカイブを展開した後、スクリプトを実行して実行パスを通すことでインストールできます。

●Cloud SDKのインストール

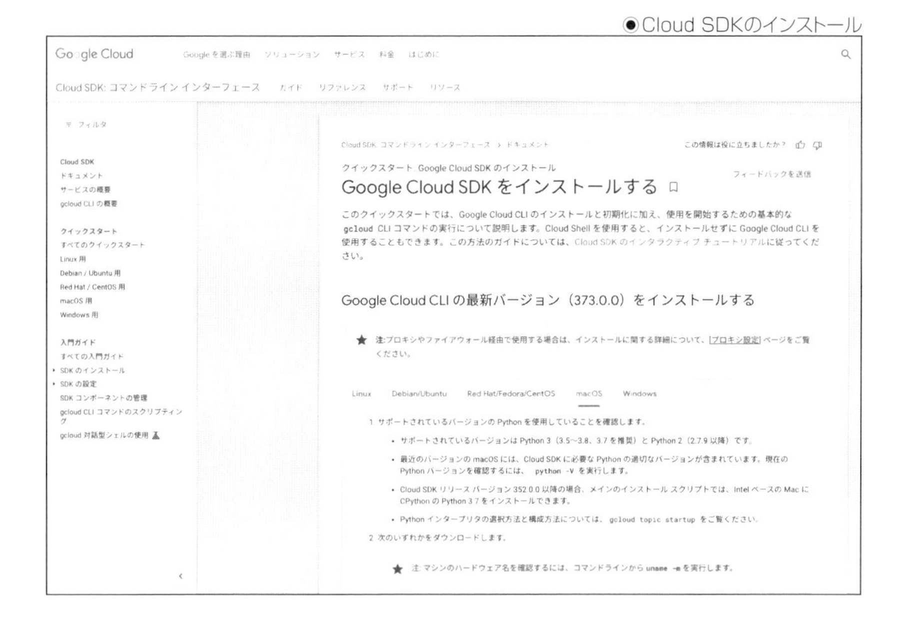

[2]：https://cloud.google.com/sdk/docs/quickstart

インストールが完了したら、初期設定として下記のコマンドを実行することで利用するGCPアカウントやプロジェクトの設定をします。

```
# Cloud SDKを初期化する
$ gcloud init

# 認証されたアカウントのリストを表示する
$ gcloud auth list

# Cloud SDKの設定のリストを表示する
$ gcloud config list
```

◆ gcloud認証ヘルパーを設定する

gcloud認証ヘルパーは手元のdockerクライアントからGCPのコンテナサービスの利用認証のために必要なソフトウェアです。ローカルPCでビルドしたコンテナイメージをGCPのArtifact Registoryへ登録するために認証ヘルパーを利用します。公式ドキュメント[3]に従って設定を進めてください。

●gcloud認証ヘルパーの設定

```
# gloud認証ヘルパーをユーザー認証で設定する
$ gcloud auth login

# gcloud認証ヘルパーに東京リージョン(asia-northyeast1)を追加する
$ gcloud auth configure-docker asia-northeast1-docker.pkg.dev
```

ここまでの手順でコンテナを実行する準備できました。次項から手を動かしてコンテナに触れていきます。

[3]：https://cloud.google.com/artifact-registry/docs/docker/authentication

ローカルでコンテナを実行する

まずはローカルで実行します。

◆nginxコンテナを実行する

手元のローカルPCの上でコンテナを実行してみます。最初はWebアプリケーションサーバーの1つであるnginxのコンテナを実行する例を紹介します。ここではオープンソースソフトウェア公式に登録されているnginxのコンテナイメージを利用します。

ターミナルを開き、下記のコマンドを実行します。

```
# nginxコンテナを実行する
$ docker run --rm -p 8080:80 nginx:1.22.0
```

はじめて実行するときだけコンテナイメージがダウンロードされるのに少し時間がかかります。しばらく待って `start worker process` のようなメッセージが表示されるのが確認できたら、Webブラウザを起動し、`http://localhost:8080` にアクセスしてみます。するとnginxから出力されるメッセージ(Welcome to nginx!)が表示されます。

●nginxコンテナの実行結果

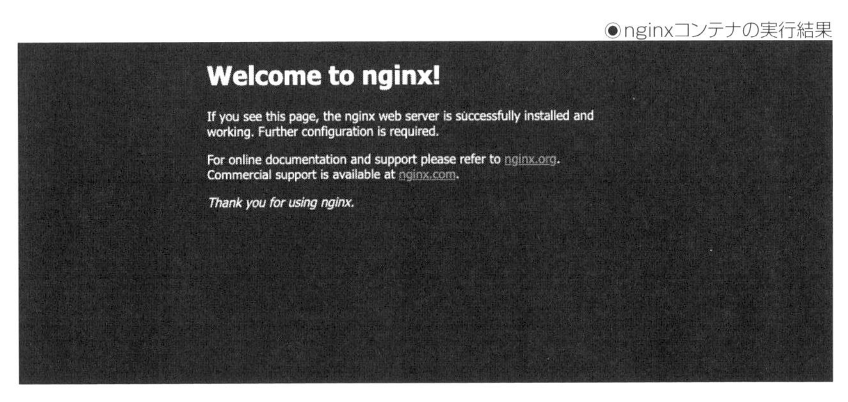

コンテナを終了する場合は、ターミナルで `Ctrl + C` を入力します。ターミナルが入力を受け付けるようになればコンテナが終了されたことを確認できます。ここでもう一度nginxコンテナを実行してみると、今度は待ち時間もなく一瞬でコンテナが起動することを確認できるはずです。

このようにコンテナイメージがすでに登録されている状況であれば、それをダウンロードして使うことでコンテナをすぐに起動できます。

ここまでの一連の動作は主にコンテナイメージの取得と実行から構成されています。コンテナイメージはDockerレジストリと呼ばれるコンテナイメージを管理するためのサービスに登録されています。

オープンソースソフトウェアのパブリックに利用可能なコンテナイメージは、Docker Hubと呼ばれるDockerレジストリに登録されており誰でも利用可能です。

今回の例ではDocker Hubに登録されているnginxのコンテナイメージを取得しコンテナとして実行しました。 `docker run` コマンドのみを実行していますが、ローカルPCにコンテナイメージが存在しない場合暗黙的に `docker pull` が実行されコンテナイメージが取得されます。

企業内のプライベートに利用したいコンテナイメージについては、独自でDockerレジストリを準備する必要があります。自分でプライベートなDockerレジストリを準備することももちろんできますが、クラウドでマネージド・サービスとして提供されているDockerレジストリも利用できます。

プライベートなDockerレジストリについては、後のサンプルで見ていきます。

●コンテナイメージの取得と実行

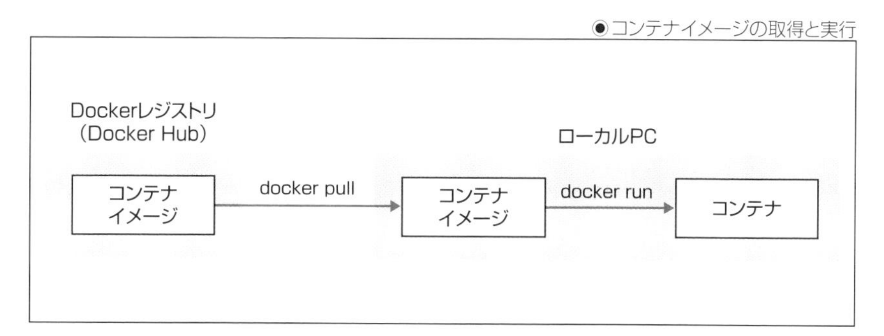

◆ シンプルなWebアプリケーションコンテナを実行する

ここでは、シンプルなメッセージを表示するGo言語製のWebアプリケーションのコンテナを実行します。このWebアプリケーションは「Hello, Cloud Engineer!!」というメッセージを表示するだけのシンプルなものです。

今回はコンテナイメージを呼び出して実行するのではなく、コンテナイメージを自分で一からビルドしてコンテナイメージを作って使うまでの手順を記していきます。大きな方針としてはDockerfileと呼ばれるコンテナイメージに含める処理内容を記載したファイルを指定してからビルドします。

下記のファイルを作成します。

SAMPLE CODE Dockerfile

```
FROM golang:1.19.0 as builder
WORKDIR /app
COPY go.mod ./
COPY . ./
RUN GOOS=linux GOARCH=amd64 CGO_ENABLED=0 go build -o server

FROM alpine:3.15.5
WORKDIR /app
COPY --from=builder /app/server /app/server
ENV PORT 8080
EXPOSE 8080
CMD ["/app/server"]
```

SAMPLE CODE main.go

```
package main

import (
	"fmt"
	"log"
	"net/http"
	"os"
)

func handler(w http.ResponseWriter, r *http.Request) {
	fmt.Fprintf(w, "Hello, CloudEngineer!!\n")
}

func main() {
	http.HandleFunc("/", handler)

	port := os.Getenv("PORT")
	if port == "" {
		port = "8080"
	}

	if err := http.ListenAndServe(":"+port, nil); err != nil {
		log.Fatal(err)
	}
}
```

SAMPLE CODE go.mod

```
module github.com/sanonosa/textbook-of-cloud-engineer/go-app

go 1.17
```

ファイルが作成できたら、ターミナルを開いて下記のコマンドを実行してコンテナイメージをビルドします。

```
# コンテナイメージをビルドする
$ docker build -t cloud-engineer-go-app:v0.1.0 .
```

ここではビルドしたコンテナイメージに、`cloud-engineer-go-app:v0.1.0` というタグをつけています。ビルドしたコンテナイメージにタグをつけておくと、コンテナの実行時にタグを指定して特定のコンテナを実行できるようになります。

ビルドが終わったら、作成したコンテナイメージを使ってコンテナを実行します。

```
# コンテナを実行する
$ docker run -p 8080:8080 cloud-engineer-go-app:v0.1.0
```

nginxコンテナの場合と同様に、コマンドを実行してコンテナを起動後にWebブラウザで `http://localhost:8080` へアクセスします。Webアプリケーションのメッセージ(Hello, CloudEngineer!!)が表示されたでしょうか。

◉シンプルなWebアプリケーションコンテナの実行結果

```
Hello, CloudEngineer!!
```

以上のように、独自のコンテナを実行する際、アプリケーションとDockerfileを準備するだけで簡単にコンテナを実行できます。

ここまでの一連の動作は、主にコンテナイメージのビルドと実行から構成されています。

Dockerfileによって、独自のコンテナイメージをビルドできますが、Dockerfileにはベースとなるコンテナイメージを指定する必要があります。

このベースイメージには、サンプルで登場したDockerレジストリに登録されているコンテナイメージを利用できます。

●コンテナイメージのビルドと実行

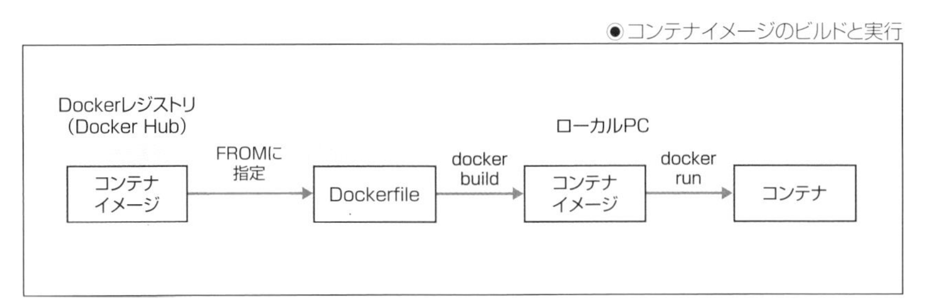

COLUMN

Appleシリコンでdockerコンテナがうまく動かない場合

Docker DesktopはAppleシリコン(ARM64アーキテクチャ)向けのmacOSにも対応しているため、dockerコンテナも問題なく実行できます。しかしながら、dockerイメージにはIntelアーキテクチャ向けにビルドされたものやAppleシリコン(ARM64アーキテクチャ)向けにビルドされたものが存在します。そのため、dockerコンテナの実行時にエラーが発生する場合もあります。

Appleシリコン(ARM64アーキテクチャ)向けのmacOSで動作するDocker Desktopは、Intelアーキテクチャ向けにビルドされたdockerイメージの実行にも対応しています。実行にエラーが発生した場合には、コマンド実行時やDockerfileのイメージ指定時にオプションを追加してみてください。

```
# コンテナ実行時に--platformオプションを追加する
% docker run --platform linux/amd64 --rm -p 8080:80 nginx:1.21.5

# DockerfileのFROMに--platformオプションを追加する
FROM --platform=linux/amd64 alpine:3.15.0
```

クラウドでコンテナを実行する

次はクラウドでコンテナを実行します。

◆ Cloud RunでシンプルなWebアプリケーションコンテナを実行する

いよいよクラウド上でコンテナを実行してみます。実行するコンテナは前節と同じローカルPCで実行したシンプルなWebアプリケーションのコンテナを利用します。ローカルPCで動作確認したコンテナをそのままクラウド上で実行できることもコンテナを利用するメリットの1つです。

今回はGCPのコンテナサービスの1つであるCloud Runを利用してコンテナを実行してみます。作業の流れとしてはコンテナイメージをArtifact Registryへ登録した後に、登録したコンテナイメージをもとにCloud Runを利用してコンテナを実行していきます。

最初にGCPを操作するためにWebブラウザでGCPマネジメントコンソールを開きます。コンソール左上のナビゲーションメニューからArtifact Registryを選択し、コンテナイメージを登録するリポジトリを作成してきます。ナビゲーションメニューに表示されるサービス数が多いため、コンソール上部の検索バーからキーワード検索で探すのもおすすめです。

なお、Artifact Registryをはじめて利用する場合にはAPI有効化を促す画面が表示されるため、画面に従ってAPIを有効化します。

●Artifact Registry APIの有効化

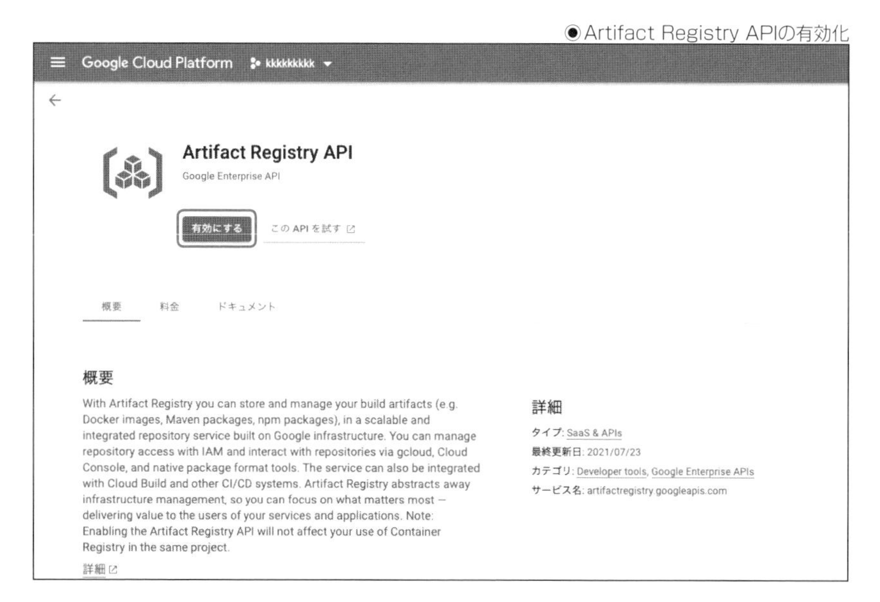

Artifact Registryの画面を開いたら下記の要領で操作します。

❶「リポジトリを作成」をクリックします。

●リポジトリを作成

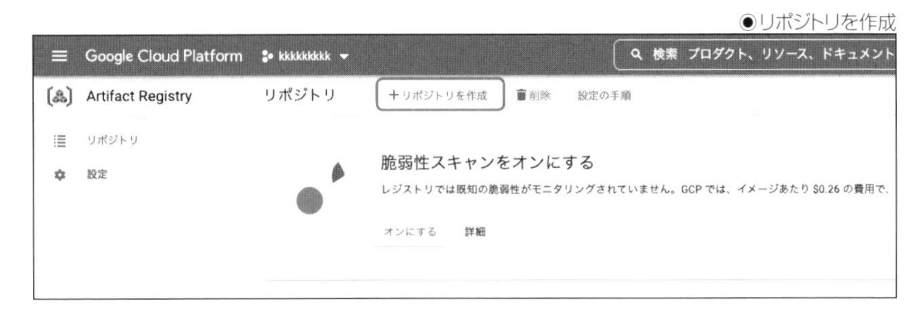

❷ 次のように必要な項目を入力し、[作成] ボタンをクリックします。

●設定項目と入力内容

項目	入力内容
名前	cloud-engineer-repo
形式	Docker
ロケーションタイプ	リージョン
リージョン	asia-northeast1

●必要項目の入力

問題がなければリポジトリの作成が成功した旨のメッセージが表示され、一覧にリポジトリが表示されます。

続いてArtifact Registryへコンテナイメージを登録します。Artifact Registryへコンテナイメージを登録するには特定の形式でタグをつける必要があります。そこで下記のコマンドでコンテナをビルドし、コンテナイメージにタグをつけます(260〜261ページと同じ `Dockerfile`、`main.go`、`go.mod` を利用します)。念のため、アプリケーションの動作に問題がないかどうかもコンテナを実行して確認しておきます。

```
# GCPのプロジェクトIDを環境変数に設定する
$ export GCP_PROJECT_ID=<プロジェクトID>

# コンテナイメージをビルドする
$ docker build -t "asia-northeast1-docker.pkg.dev/${GCP_PROJECT_ID}/cloud-
engineer-repo/cloud-engineer-go-app:v0.1.0" .

# コンテナを実行する
$ docker run -p 8080:8080 "asia-northeast1-docker.pkg.dev/${GCP_PROJECT_ID}/
cloud-engineer-repo/cloud-engineer-go-app:v0.1.0"
```

ビルドが終わったらコマンドを実行し、コンテナイメージをArtifact Registryへ登録します。

```
# コンテナイメージをArtifact Registryへ登録する
$ docker push "asia-northeast1-docker.pkg.dev/${GCP_PROJECT_ID}/cloud-
engineer-repo/cloud-engineer-go-app:v0.1.0"
```

コマンドが終了したらコンテナイメージが登録されたことをマネジメントコンソールで確認します。Artifact Registryのリポジトリ一覧から順にクリックしていくことで登録したばかりのコンテナイメージを確認できます。`cloud-engineer-go-app:v0.1.0` のコンテナイメージが登録されていれば成功です。

●Artifact Registryコンテナイメージの登録1

●Artifact Registry コンテナイメージの登録2

ここまでできたら、次はクラウド上でコンテナを実行してみましょう。

コンソール左上のナビゲーションメニューからCloud Runを選択し、コンテナを実行するサービスを作成してきます。

Cloud Runの画面を開いたら下記の要領で操作します。

❶「サービスの作成」をクリックします。

●サービスの作成

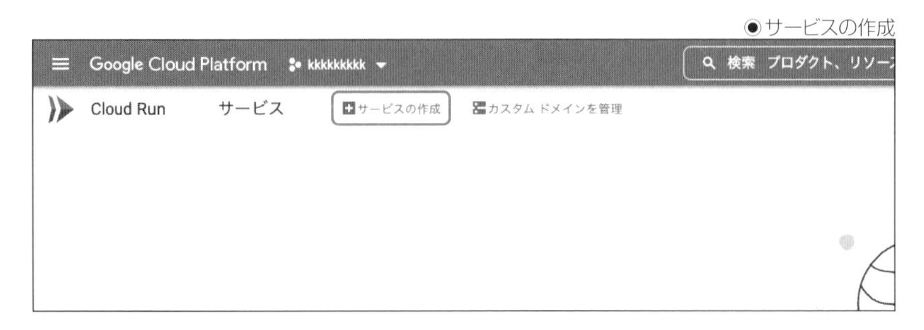

❷ 次のように必要な項目を設定・入力し、[作成]ボタンをクリックします。

◉設定項目と入力内容

項目	内容
コンテナイメージのURL	「ARTIFACT REGISTRY」タブから「cloud-engineer-repo」の「cloud-engineer-go-app」コンテナイメージを選択する
サービス名	cloud-engineer-go-app
リージョン	asia-northeast1（東京）
CPUの割り当てと料金	リクエストの処理中のみCPUを割り当てる
自動スケーリングでインスタンス	最小数0、最大数2
Ingress	すべてのトラフィックを許可する
認証	未認証の呼び出しを許可する

◉必要項目の入力

これでCloud Runのサービスが作成されます。Cloud Runでは作成したサービスに対してhttpsのエンドポイントが付与されます。

サービス作成後に表示されるURLをクリックし、表示を確認してみます。ローカルで確認したものと同じメッセージが表示されたら成功です。この時点で世界中どこからでもアクセスできるアプリケーションがクラウド上で公開されている状態となっています。

ここまでの一連の動作は主にコンテナイメージのプッシュと実行から構成されています。

今回のサンプルではコンテナイメージを登録するDockerレジストリとしてArtifact Registryを利用しています。ローカルPC上でビルドしたコンテナイメージをArtifact Registryへプッシュし、そのイメージをCloud Runへデプロイしてコンテナを実行しました。

このようにローカルPCで動作確認をしたコンテナイメージを簡単にクラウド上で実行できます。

●コンテナイメージのプッシュと実行

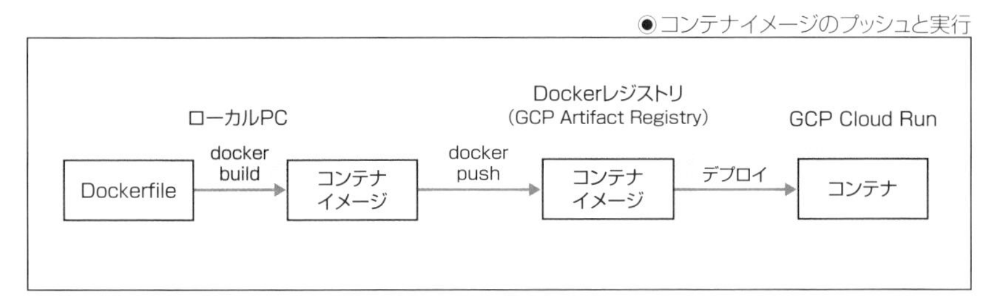

動作確認が終わったら、継続して課金が発生してしまわないようにリソース一式を削除しておきます。下記の要領でリソース一式を削除できます。

まずはCloudRunのサービスを削除します。

❶「cloud-engineer-go-app」サービスを選択し、「削除」をクリックします。

●サービスの削除

❷「削除」をクリックし、サービスが削除されたことを確認します。

●削除の確認

次にArtifact Registryリポジトリを削除します。

❶「cloud-engineer-repo」を選択し、「削除」をクリックします。

●リポジトリの削除

❷「削除」をクリックし、リポジトリが削除されたことを確認します。

●削除の確認

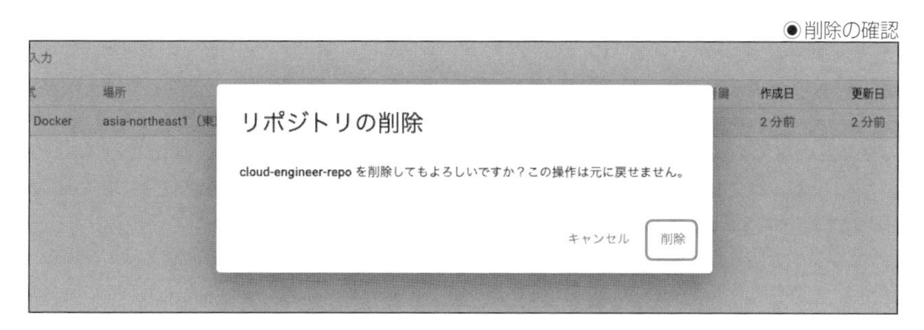

以上で、クラウド上でコンテナを実行する手順の紹介は終了です。

本章のまとめ

本章ではコンテナを実行するまでの手順を見ながらコンテナの特徴を理解してもらうように構成しました。

クラウドベンダー各社はコンテナを基盤としたサービスを次々とリリースしています。クラウドを利用したプロダクト開発・運用においてコンテナは欠かすことのできない技術の1つです。それに加えてデータベースといったクラウドのマネージドサービスと組み合わせて利用することによって、さらにクラウドのメリットを享受できるようになります。コンテナ技術とクラウドサービスの組み合わせに興味を持った方は、ぜひコンテナとクラウドのマネージドサービスを組み合わせた開発・運用にチャレンジしてみてください。

本章がクラウド上のコンテナを理解する一助になれば幸いです。

CHAPTER 11 マルチクラウド構成

本章の概要

本章ではマルチクラウド構成について説明します。

マルチクラウド構成とは

マルチクラウド構成とは複数のクラウドベンダーのサービスを組み合わせて構成するサービスのことを指します。主にサービス可用性向上を目的として採用されますが、その構築は決して容易とはいえません。

そこで本章ではマルチクラウド構成にすることでどんなメリットがあり、逆にどんなところに気をつけなければならないのか、実例を交えて説明します。

クラウドベンダーの大規模障害にも強いマルチクラウド

マルチクラウドは、クラウドベンダーの大規模障害に強いシステム構成にすることができるというメリットがあります。

単一のクラウドベンダーによる大規模障害によるサービス影響を回避するためにマルチクラウド構成の利用を考えたとします。このとき可用性は理論上どの程度向上するか計算してみます。

一般的に、サービス全体の可用性の計算は下記の計算式で計算できます。

$$1 - (1 - \text{拠点 A の可用性}) \times (1 - \text{拠点 B の可用性}) \times \ldots$$

これを踏まえて、2つのクラウドベンダーの利用を想定して、仮に可用性99.5%のシステムがあったとして、それらを互いに疎にして水平分散した場合の全体の可用性を計算してみます[1]。

$$1 - (1 - 0.995) \times (1 - 0.995) = 0.99995 \rightarrow 99.9975\%$$

このように、単一のクラウドベンダーを利用する場合の可用性が99.5%なのに対し、2社のクラウドベンダーを併用すると99.9975%まで向上することがわかりました。

[1]：ただし、これらのサービスはリソースを共有していないことが前提になります。共有したリソースがある場合、そのリソースがSPoF（単一障害点）になってしまうためです。

クラウドの大規模障害によるサービス影響の可能性

各社いずれのクラウドサービスにおいても、サーバーなどのインフラを比較的容易に複数のリージョンに分散配置させることができます。こうしておけば仮に特定リージョンのデータセンターで障害が起きたとしてもサービス停止を免れるようにシステムを構成することができます。

と、このように書くと、わざわざマルチクラウド構成にしなくても単一のクラウドベンダーでも十分ではないかと思われるかもしれません。しかし、実際にはクラウドベンダー側の障害でクラウドサービス全体が使えなくなるリスクも想定されます。現に大手クラウドベンダーの大規模障害はたびたび発生しています。たとえば、2021年だけ見ても下記のような大規模障害が発生しました。

- AWS：Direct Connectの障害で東京リージョン全域での接続障害
- Azure：DNS障害でAzure全域で利用できない事象
- GCP：認証まわりの障害で各種サービスが利用できない事象

過去のクラウドベンダー全体規模・リージョン全体の障害事例を考えると、クラウドベンダー各社が提示しているSLAの可用性より実際の可用性のほうが低くなる可能性があると考えたほうが安全です。

大規模障害の主な原因はソフトウェアのバグや作業員によるオペレーションミスであるようです。クラウドベンダーに限らずIT全般の傾向として、うまく動いているときは安定していたとしても、想定外の事象が発生すると障害につながりやすくなります。そのような状況になるといくらユーザー側がクラウドベンダーが推奨する高可用性のシステム構成でインフラを構築したとしても、クラウド側の障害に巻き込まれてサービス影響を受ける可能性が高まります。

SECTION-63

マルチクラウドで気をつけるべきところ

マルチクラウドのメリットは多々あるものの、マルチクラウド化する上で気をつけるべき課題もいくつか存在します。

各クラウドベンダーの仕組みや仕様が少しずつ異なる

基本的なサービスはどのクラウドベンダーでも提供されていると記しましたが、CHAPTER-03「クラウドの世界観」での説明にもあるように、各クラウドベンダーの仕組みや仕様は少しずつ異なります。たとえば、仮想ネットワーク間の接続方法やネットワークのIPアドレスの制限方法、パラメータの指定方法など、細かく見ていくといろいろ違いが見つかります。

特に各社のPaaSはIaaSに比べて提供している機能が異なることや制約が多いため、クラウドベンダー間で似たサービスを利用する場合に同一の機能を有しているか事前に確認しておく必要があります。

管理が複雑化する

クラウドが異なると管理方法も異なります。複数のクラウドベンダーを使えば使うほど異なった管理方法に適用する必要があるため管理が複雑化します。そのため可能な限り運用を自動化して運用の負担を下げる必要が出てきます。

運用の負担を下げるためは、マルチクラウドに対応したミドルウェアやサービスを利用することやInfrastructure as Codeをうまく利用することで、極力、クラウド各社の違いを吸収させることが有効です。

SECTION-64

マルチクラウド化の検討

ここでは実際にマルチクラウド化を検討することになったときに押さえるポイントを記していきます。

マルチクラウド化に向いている用途と向いていない用途を見極める

データを複数のクラウドへ置く場合にはクラウド間でデータの同期が必要となります。距離の離れた拠点間のデータの同期ではデータの整合性を保ちつつ、短時間で同期が行われることが重要となります。データの整合性を保つためには、一般的に更新があった側からもう片側にデータを送りそれが反映されてから応答を返すというような仕組みが取られます。この特性から、マルチクラウド化に向いている用途と向いていない用途があります。

◆ サービスの応答速度

拠点間が物理的に非常に遠距離にあるような場合はレイテンシーが高い、すなわちデータを送ってから応答が返ってくるまでの時間が長くなります。さらに異なるクラウドベンダー間の通信の場合はインターネットを経由して通信を行うため、ネットワークのホップ数が増加し、ますますレイテンシーが高くなることが予想されます。よってサービスの応答速度が特に重要なサービスでは応答速度の管理やチューニングが難しくなる可能性があります。

◆ データの整合性

複数拠点間でデータを同期化するには、分散ストレージを利用するか、もしくはデータを複数拠点に同時に送って更新するなどの方法があります。

分散ストレージを実現するソフトウェアにはDRBD、GlusterFS、もしくはCephなどのオープンソースソフトウェアがあります。これらのソフトウェアを利用する際にはレイテンシーなどの制約条件があり、実運用にあたってはそれらの制約条件を意識しながら利用する必要があります。

データを複数拠点に同時に送って更新する方法は、常にデータが確実に同期化されているか保証する仕組みも必要で、データの整合性を保つのはなかなか容易でないといえます。

COLUMN

整合性モデル

　分散データストアや分散データベースでは、データの整合性をどのように保証するかいくつかのモデルが提唱されています。代表的な整合性モデルとしては下記の2つが挙げられます。

◉整合性モデル

整合性モデル	説明
強整合性	データの更新時に他からのデータの参照や更新が行われないようにロックすることで、強い整合性を担保する方法。しかし、ロックしている間データへのアクセスができないという問題がある
結果整合性	データの更新中にロックしないため、更新中もデータへのアクセスが可能な方法。分散されたノードすべてにデータが行きわたるまでにデータへのアクセスがあった場合に更新前のデータを返す可能性があるが、最終的にはデータの整合性が保証される

COLUMN

マルチクラウドと同一クラウド内でのマルチリージョンとの違い

　マルチクラウドと、単一クラウド内でのマルチリージョン利用で似ている部分が多いので比較してみます。

◉マルチクラウドと単一クラウド内でのマルチリージョンの比較

項目	マルチクラウド	単一クラウド内でのマルチリージョン
管理コスト	×高い	○マルチクラウドよりは低い
地理的冗長化	○強い	○強い
クラウド全域でのサービス障害	○強い	×弱い
距離的な遅延	×弱い	×弱い

○：有利、×：不利

SECTION-65

マルチクラウド構成の例

ここからは筆者が所属する株式会社ハートビーツで利用しているマルチクラウド構成を2例、紹介します。

マルチクラウドの利用例①—DNSプロバイダー

インターネットを利用したサービスではDNSプロバイダーによる名前解決ができなくなるとサービス全域に影響するため、株式会社ハートビーツではAWSのAmazon Route 53とAzure DNSという2つのDNSプロバイダーを利用しています。

また、マルチクラウドで複数のDNSプロバイダーを扱うためにOctoDNS[2]を利用しています。OctoDNSはGitHub社により開発・保守されているオープンソースソフトウェアのDNSゾーン管理ツールです。OctoDNSはマルチクラウドに対応していて、OctoDNSがクラウド間のAPIを差分を吸収してうまく動いてくれるため、利用者は複数クラウドの違いを気にすることなく運用できます。

●OctoDNS

●OctoDNSとGitLabの運用

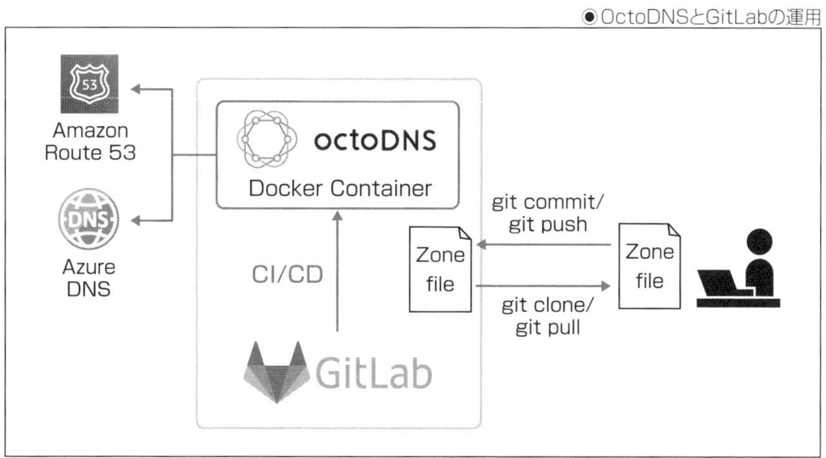

[2]：https://github.com/octodns/octodns

このように、マルチクラウドに対応しているアプリケーションやサービスを利用する方法であれば比較的簡単にマルチクラウド構成を取ることが可能です。

マルチクラウドの利用例②──社内システム基盤

社内システム基盤は株式会社ハートビーツのサービスの要となるインフラサービスのため、対障害性を限りなく高めています。具体的にはAWS、Azure、GCPの3クラウドでのマルチクラウド構成とし、Azureをプライマリ、AWSをセカンダリ、GCPを調停用として運用してます。

◉社内システム基盤

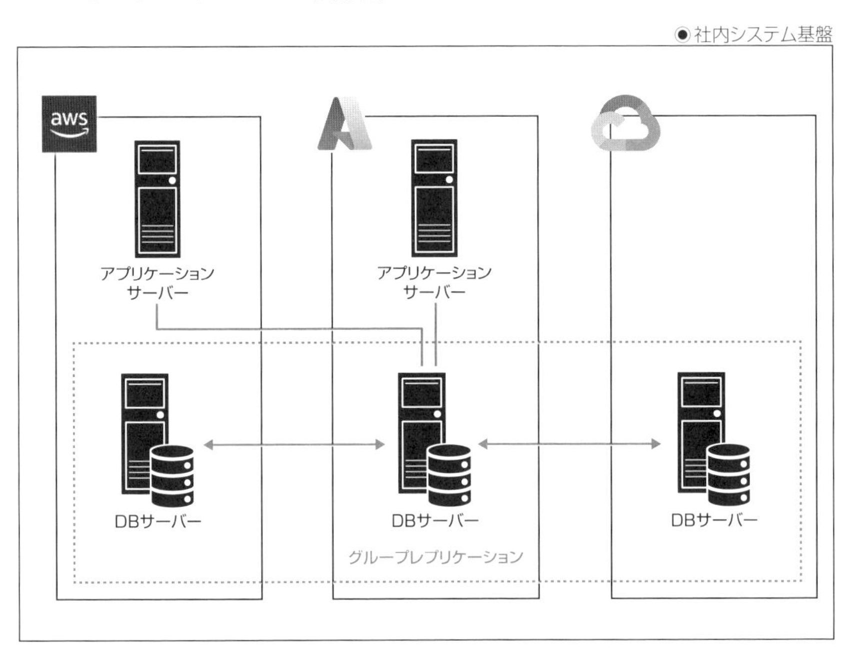

その社内システム基盤上でいくつかのアプリケーション用のサーバーと、データを格納するためのDBサーバーを運用しています。ここではそれらのサーバーについて簡単に紹介します。

◆ アプリケーション用サーバー

各クラウド内で2つのゾーンにそれぞれアプリケーション用サーバーを設置し、DNSラウンドロビンで負荷分散させることで冗長化構成をとっています。DNSラウンドロビンとは、1つのドメイン名に対して複数のレコードを設定することでDNSに問い合わせが来るたびに順繰りに別のレコードで応答する仕組みのことです。

ただし、DNSラウンドロビンでは、サーバーや特定クラウドの障害の有無についてはまったくチェックを行わず応答を返すという問題があります。これはDNS問い合わせをしたときに、サービス障害が発生している側のレコードで応答される可能性があることを意味します。この問題に対して株式会社ハートビーツの環境では、クライアント側で再接続機能があるツールを使うことで回避しています。このツールには、うまく接続できない場合は接続に成功するまでDNSに再問い合わせをし続ける仕組みがあります。

もし、クライアント側のツール(Webブラウザなど)に再接続の仕組みがない場合は、DNSラウンドロビンの代わりにマルチクラウドに対応するロードバランサーを設置するなどの対応が必要となります。

●DNSラウンドロビンを使った接続

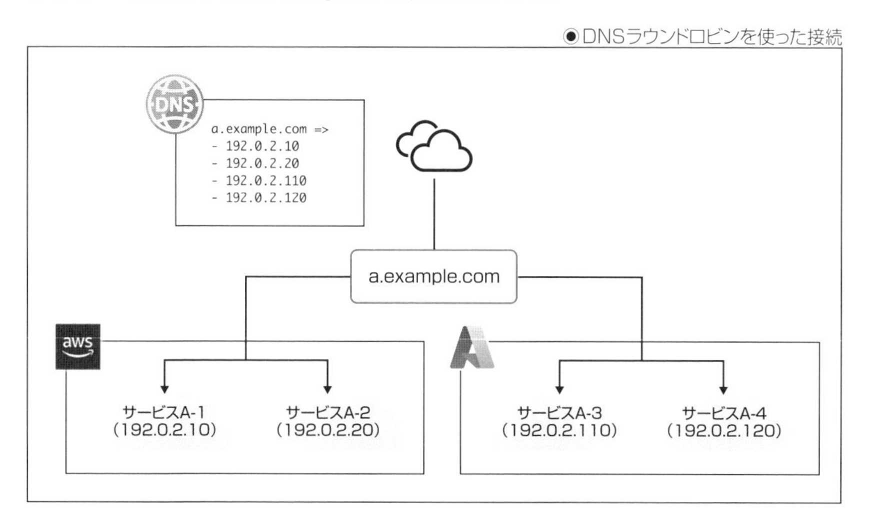

なお、高い可用性をそこまで求められないサービスについては、各クラウドベンダーに1台ずつサーバーを設置の上、Primary/Secondery構成として運用しています。この構成を取る場合、障害時には手動でDNSレコードの参照先を切り替える運用方法をとっています。

◆ DBサーバー

重要なデータが保管されるDBサーバーについては、3社のクラウド上でMySQLによるグループレプリケーション[3]と呼ばれる分散レプリケーションを構成し、マルチプライマリモードと呼ばれる更新系インスタンスが複数存在する構成で運用しています。このような構成にすることで、万が一いずれかのクラウド環境で障害が発生してもDBの機能自体は止まらずに稼働されるようにしています。

●DBサーバーの冗長構成

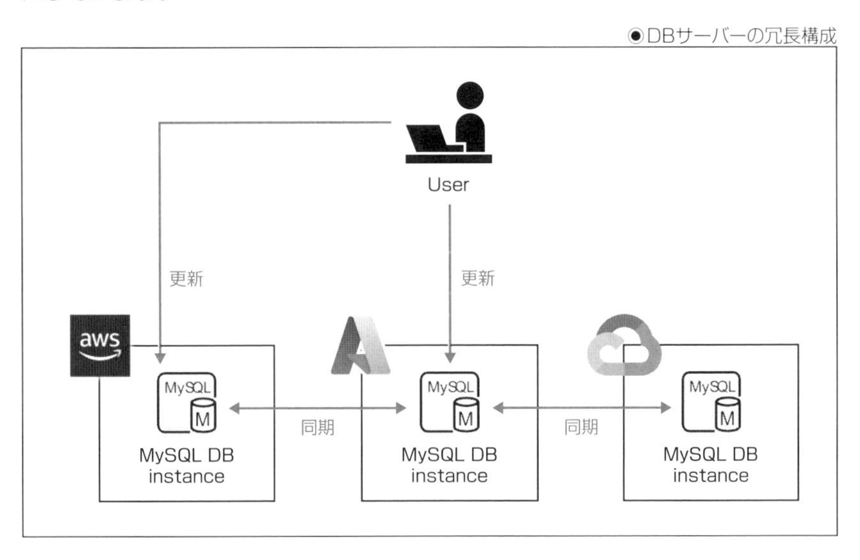

ところで、グループレプリケーションにはさまざまな制約が存在しています。詳細は公式ドキュメント[4]を参照してください。

◆ アプリケーションからDBサーバーを利用する

アプリケーションからDBサーバーを利用する際、DBを分散したい場合にはどのDBサーバーに接続すべきかを動的に決定する中継者として機能するプロキシーが必要になります。

共通で利用するMySQL用のプロキシー専用のホストを別途用意するという考えもありますが、その場合プロキシーそのものが障害点となる可能性も検討しなければならなくなります。そこで「fate-sharing model(運命共有モデル)」[5]を参考に、アプリケーションと同じホスト上にプロキシーを配置することにしました。

[3]：https://dev.mysql.com/doc/refman/8.0/ja/group-replication.html
[4]：https://dev.mysql.com/doc/refman/8.0/ja/group-replication-limitations.html
[5]：『The Design Philosophy of the DARPA Internet Protocols(ACM SIGCOMM Computer Communication Review Paper Retrieval)』(http://ccr.sigcomm.org/archive/1995/jan95/ccr-9501-clark.html)

ホストの障害時にはアプリケーションとプロキシーは一緒に利用できなくなります。セットで使われる2つの機能が同時に使えなくなることから、可用性の検討についてはシンプルになります。

●アプリケーションからDBサーバーを利用する

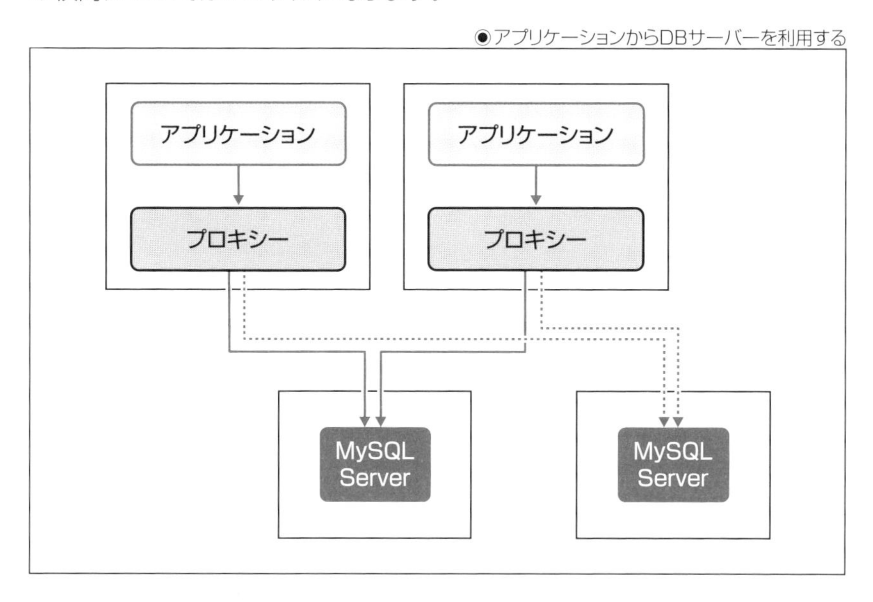

◆調停用ノードについて

株式会社ハートビーツの社内システム基盤ではGCP東京リージョンを調停ノード用の拠点として利用しており、分散システムのクオーラム(定足数)の判定に利用するためのノードをこの拠点に配置しています。

クオーラムとは分散システムにおいて整合性を保つために最低限必要な数で、今回であれば2となります。

AzureやAWSのリージョンやゾーンにおいて何らかの障害によりネットワーク分割が発生した場合、この拠点のノードにアクセスできるノード側がクオーラムを満たし、マジョリティ(過半数)を取得して、サービスを継続できることになります。本システムではクラウドベンダーのリージョン規模での障害が発生してもサービスを継続できるようにすることを想定しています。

●クオーラム

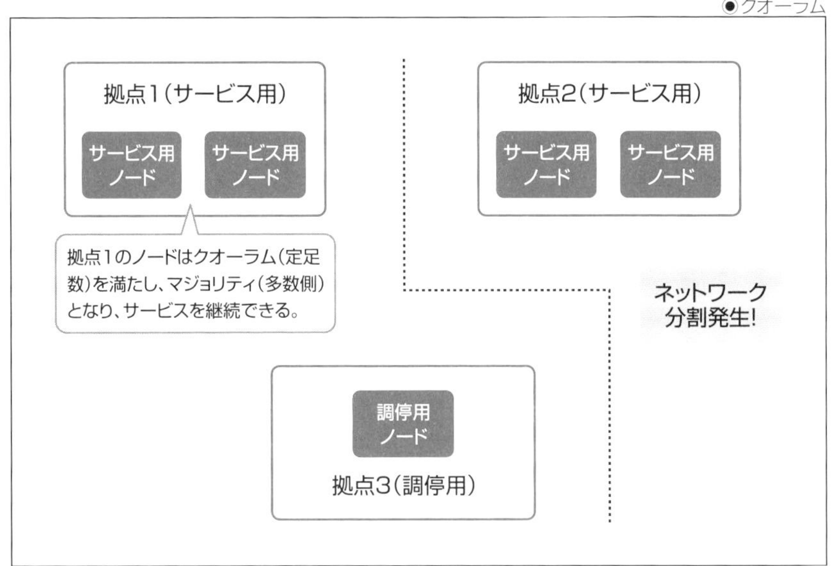

運用で利用しているツール群

マルチクラウドを運用するにあたっては、Infrastructure as Codeの目的でTerraform、Ansible、Packerを利用しています。

- Terraform
  - インフラの構成管理を行うためのInfrastructure as Codeを実現するツール。
- Ansible
  - サーバーの構築を冪等性(べきとうせい)を担保しつつ自動で行うためのツール。
- Packer
  - クラウドベンダーがIaaSで提供する機能の1つであるサーバーのイメージを作成するためのツール。サーバー再起動では解決しないような障害発生時などにサーバーの再構築を容易にし復旧速度を高めることを目的としている。

本章のまとめ

マルチクラウドを利用することで可用性を大きく上げることができます。ただし、そのために必要なコストや仕組みが増えるため考慮しなければいけない点が増えます。また、マルチクラウドは利用するサービスが多くなるため、なるべく運用の手間を減らす努力が必要になります。

CHAPTER 12 IaaSやPaaSの監視

本章の概要

本章ではクラウドを使ってサービスを提供する際の監視の重要性について述べた後、クラウドでどのように監視設定をしていけばよいか述べていきます。

監視環境の中心を担う監視システムでは、一般的に監視対象に対して監視ルールを設定しておくことで、監視ルールに該当する兆候が発生した場合に通知が自動的に行われるようになります。

なお、AWS、Azure、GCPのいずれでも基本的な流れは同じであるため、本章ではAWSでの構成例のみ記載しています。

監視の重要性

システムやサービスがいつも100%正常に動いているという保証はありません。システムに異常が起きたかもしくは何かしら異常が起こる兆候が発生した場合、それを直ちに検知して即座に対処する必要があります。そこで事前に問題に対応したり問題が起きてもすぐに気づけるような監視環境の準備が必要となります。

下図のような構成を持つWebシステムをAWS上で構築した場合を考えてみます。

●サンプルのシステム構成図

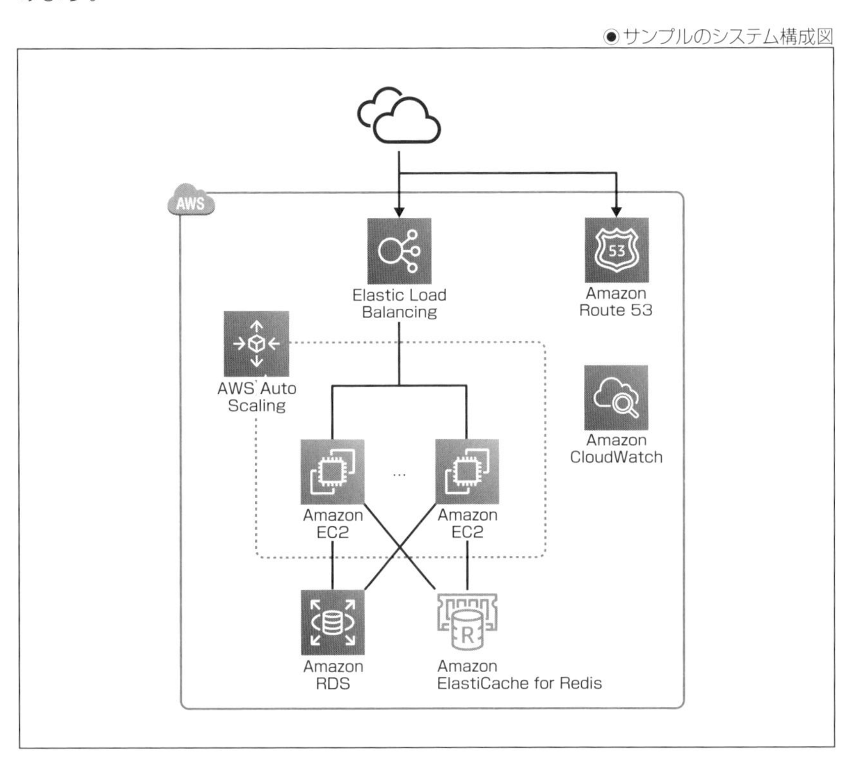

その際、監視についておろそかにすると次のようなことが起こるかもしれません。

自動復旧の仕組みさえ入れておけば完璧?

自動復旧の仕組みを入れたとしても、次のようなことが起こる可能性があります。

私「オートスケーリング設定を有効にしたし、ロードバランサーサービスではHTTP通信の応答監視設定を行いサービス障害時に自動復旧するようにしたので完璧。監視とかよくわからないけど、クラウドだからきっといい感じにやってくれるでしょう!」
上司「新サービスは問題なさそう?」
私「大丈夫です!クラウドを使っていますし、自動復旧の仕組みを入れたので完璧です!」

運用開始して数日後。

上司「あれ?　サービスが止まっていない?」
私「えっ。そんなはずは」

Webサイトを表示してみると、WebサイトのHTTPレスポンスステータスコードの応答は200が返ってきていて正常に見えますが、表示されるページの内容が空になってしまっています。

私「どうしてだろう。何が悪いのかわからない。サーバーにログインして原因を確認しないと」

クラウドにはさまざまな自動復旧の仕組みが用意されていますが、想定していたパターン以外の原因で障害が起きると自動復旧されません。このように自動復旧の仕組みを入れるだけでは永続的なサービスが期待できないため、サービス障害を直ちに検知できるように監視の仕組みも組み込んでおく必要があります。

無駄なリソースが使われていないか管理していないとどうなる?

リソースの利用状況を管理していないと次のようなことが起こる可能性があります。

そのまた後日。

私「サーバーの監視設定をしたので、これでもう大丈夫でしょう」
上司「なんか今月の利用料がものすごく高いんだけど」
私「えっ。すぐに確認します」
私「オートスケーリングの台数が無駄にずっと最大になってしまっている!」

クラウドには便利な機能やサービスがたくさん用意されていますが、リソースの利用状況をきちんと管理していないと知らない間に無駄なコストが発生してしまうことがあります。このようなことにならないように、クラウドではリソースが適切に使われているか監視しておくことも重要になります。

クラウドの監視サービス

クラウドの監視サービスには、メトリクスやログなどの値を用いて監視や通知を行うための機能が提供されています。メトリクスとはリソースなどのデータを継続的に取得した値、ログとは各サービスから提供されるエラー内容などの出力を指します。

各クラウドベンダーでは、執筆時点(2022年6月)で次のような監視サービスが提供されています。各クラウドベンダーのいずれにもさまざまな監視サービスがあるということは、それだけ監視の世界は奥深いともいえます。

- AWS
  - メトリクス:CloudWatch
  - ログ:CloudWatch Logs
  - HTTPサービス監視:CloudWatch Synthetics Canary
  - 通知:Amazon SNS(Simple Notification Service)
- Azure
  - メトリクス:Azure Monitor
  - ログ:Azure Monitorログ
  - HTTPサービス監視:Azure Monitor 標準テスト
  - 通知:Azure Monitor
- GCP
  - メトリクス:Cloud Monitoring
  - ログ:Cloud Logging
  - HTTPサービス監視:Cloud Monitoring 稼働時間チェック
  - 通知:Cloud Monitoring

監視の種類

監視には大きく分けて次の2つの種類があります。

- サービス監視
- リソース監視

サービス監視

サービスが正常に動作しているかを監視します。サービスが正常に動作していないケースとしては、特定のページがまったく表示されないというのはもちろんのこと、ページが開くまでに時間がかなり待たされる状況やページは表示されるものの想定外の応答を返している場合などが挙げられます。サービス監視ではこれらの状況が起きていないかどうかを監視します。

リソース監視

サーバーなどのリソースの利用状況が適正の範囲内であるかを監視します。リソース監視には、たとえばメモリ使用量が80%以内に収まっているか、もしくはディスクのIOPS(1秒あたりの読み書き回数)が500回/秒以内に収まっているかなどがあります。

SECTION-69

監視設定の勘所

実際に監視設定を行っていく場合には、下記のようなポイントを満たすような設計を意識するとよいです。

サービスが正常に稼働しているかを確認するための監視

サービス監視は監視設定を行う上で最も大切なものの1つです。基本的なサービス監視項目としては、Webページが正しい応答コードを応答を返しているか、HTMLの内容に問題はないか、もしくは期待されている時間内に応答が返ってきているかなどがあります。

複雑な監視項目としては、監視システムが自動的にサイトのログインまで行って正常な結果が返ってくるかどうか、もしくはDBサーバーの正常動作を監視するための監視専用Webページ(毎回DBから特定テーブルの値を取得して結果を表示させるなど)を用意して監視するといったものもあります。

障害原因切り分けのための監視

障害が発生した場合に、障害の原因を切り分けられるような監視項目があらかじめ設定されていると障害復旧までの時間を短縮することができます。

- 原因切り分けにつながりやすい監視項目
  - プロセス監視
    - サービスを提供するプロセスが起動しているかどうかを監視する(例:「httpd」「java」「mysqld」など)。
  - ミドルウェアの監視
    - サービスが内部的に使用しているミドルウェアなどに直接アクセスし、正常に応答を返しているかどうかを確認する(例:Webサーバーであるhttpdプロセスからの応答、DBサーバーであるMySQL関連プロセスからの応答など)。
  - ログ監視
    - アプリケーションなどに出力されるログに特定の文字列が含まれているかどうかを監視する(例:「error」「critical」「out of memory」など)。

キャパシティプランニングのためのリソース監視

OSリソースなどの利用状況を監視しておくとキャパシティプランニングの際の参考材料になります。リソースを柔軟に変更できるクラウドの強みを活かすためにもリソースの状況を監視しておくのがよいです。

- キャパシティプランニングのためのリソース監視項目例
  - CPU使用率
  - メモリ使用率
  - ディスク使用率
  - 各ディスクのIOPS利用率
  - ネットワークの帯域の利用率
  - AutoScalingなど、自動的に変動するサービスの利用状況

COLUMN

基準値にご注意

クラウドベンダーが提供するサービスの中には、「基準値」と呼ばれる性能の制限が設定されている場合があります。たとえば、AWSではAmazon EC2のt系インスタンスであるt3.smallには、CPU使用率に20%のベースラインと呼ばれる基準値が設けられています。

ただし、必ずしもこの基準値を超えた性能を出せないわけではありません。クラウドにはクレジットというルールによって一時的に基準値を越えた性能を出せる仕組みが用意されています。

クレジットとはリソースの使用状況が基準値を超えると消費され、基準値を下回ると取得されるポイントのことです。リソースの使用状況が基準値より高い間はクレジットを消費しながら一時的に高い性能を利用することができます。逆にリソースの使用状況が基準値より低い間はクレジットが取得されます。

クレジットを使い切ってしまうと基準値の性能までしかリソースを利用できなくなります。

基準値には、他にもAWSではAmazon EBSにもディスクのサイズによってスループットに基準値が設定されています。Azureでは仮想マシンとディスクに基準値が設定されています。GCPではCompute Engineのうち共有コアマシンタイプにCPUの基準値がありますが、こちらはクレジットという概念はなく短期間、基準値以上のリソースを利用できます。

リソース監視をしていて、特定リソースの使用状況が一定値で頭打ちしていることを見つけた場合は、基準値の制限に引っかかっていないかどうかを確認する必要があります。

SECTION-70

監視項目の例

監視設定の勘所で説明した3つの内容を考慮した監視設定を284ページの「サンプルのシステム構成図」に適用した例を紹介します。

●サンプルのシステム構成への監視適用例

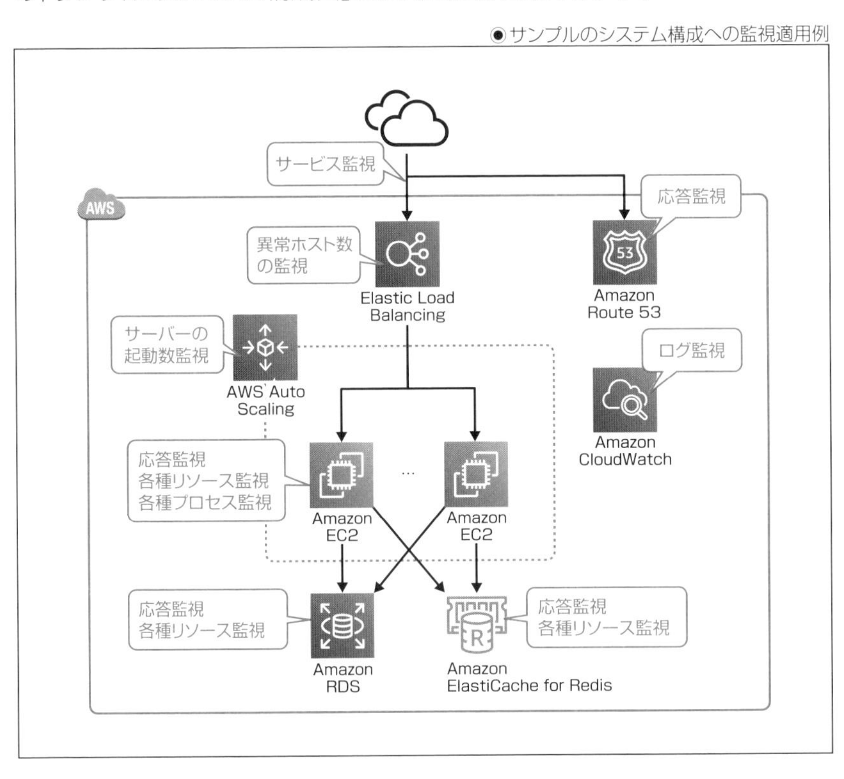

サービス監視

サービス監視では、次のような設定を行います。

- HTTPの応答監視(サービスが正常に稼働しているかを確認するための監視)
  - 大抵の場合はHTTPSへのリダイレクトが行われるため、リダイレクトが正常に行われているかどうかを監視します。
- HTTPSの応答監視(サービスが正常に稼働しているかを確認するための監視)
  - 応答が正常に返ってきているかどうかやその応答が遅延していないかどうか、また、そのコンテンツが正常かどうかを監視します。
  - 可能であれば、SSL/TLS証明書の有効性についても監視します。

Elastic Load Balancing(ELB)

Elastic Load Balancing(ELB)では、次のような設定を行います。

- 異常ホスト数の監視(キャパシティプランニングのためのリソース監視)
  - ELBに紐づいているEC2のサーバーのヘルスチェックに成功/失敗しているホスト数を監視します。

Amazon EC2

Amazon EC2では、次のような設定を行います。

- HTTPの応答監視(障害原因切り分けのための監視)
  - 各EC2のエンドポイントに対して正常に応答を返しているかどうかを監視します。
- プロセス監視(障害原因切り分けのための監視)
  - サービスに利用しているプロセスが起動しているかどうかを監視します。
- CPU使用率(キャパシティプランニングのためのリソース監視)
  - CPU使用率が一定のしきい値を超えていないかどうかを監視します。
- メモリ使用量(キャパシティプランニングのためのリソース監視)
  - メモリ使用量が一定のしきい値を超えていないかどうかを監視します。
- ディスク利用量(キャパシティプランニングのためのリソース監視)
  - ディスク利用量が一定のしきい値を超えていないかどうかを監視します。
- IOPS利用量(キャパシティプランニングのためのリソース監視)
  - 秒間の書き込みや読み込み回数(IOPS)が一定のしきい値を超えていないかどうかを監視します。
- AutoScaling(キャパシティプランニングのためのリソース監視)
  - サーバーの起動数(キャパシティプランニングのためのリソース監視)
    - 意図せずサーバーの起動数が上限に達していないかどうかを監視します。

AWS CloudWatch

AWS CloudWatchでは、次のような設定を行います。

- アプリケーションのログ監視(障害原因切り分けのための監視)
  - アプリケーションでエラーが発生していていないかどうかを監視します。

Amazon RDS

Amazon RDSでは、次のような設定を行います。

- 応答監視(障害原因切り分けのための監視)
  - RDSのエンドポイントに対して、正常に応答を返しているかどうかを監視します。
- ディスク容量(キャパシティプランニングのためのリソース監視)
  - ディスク利用量が一定のしきい値を超えていないかどうかを監視します。
  - RDSのディスクの場合は容量が枯渇してしまうとディスクの拡張作業ができなくなってしまう場合があるため、余裕を持ったしきい値とします。
- CPU使用率(キャパシティプランニングのためのリソース監視)
  - CPU使用率が一定のしきい値を超えていないかどうかを監視します。
- メモリ使用量(キャパシティプランニングのためのリソース監視)
  - メモリ使用量が一定のしきい値を超えていないかどうかを監視します。
- 接続数(キャパシティプランニングのためのリソース監視)
  - 接続数が一定のしきい値を超えていないかどうかを監視します。
- IOPS利用量(キャパシティプランニングのためのリソース監視)
  - 秒間の書き込みや読み込み回数(IOPS)が一定のしきい値を超えていないかどうかを監視します。

Amazon ElastiCache

Amazon ElastiCacheでは、次のような設定を行います。

- 応答監視(障害原因切り分けのための監視)
  - ElastiCacheのエンドポイントに対して、正常に応答を返しているかどうかを監視します。
- CPU使用率(キャパシティプランニングのためのリソース監視)
  - CPU使用率が一定のしきい値を超えていないかどうかを監視します。
- メモリ使用量(キャパシティプランニングのためのリソース監視)
  - メモリ使用量が一定のしきい値を超えていないかどうかを監視します。
- 接続数(キャパシティプランニングのためのリソース監視)
  - 接続数が一定のしきい値を超えていないかどうかを監視します。

Amazon Route 53

Amazon Route 53では、次のような設定を行います。

- DNSの応答監視(障害原因切り分けのための監視)
  - DNSの応答が正常かどうかを監視します。

SSL/TLS証明書の監視

SSL/TLS証明書についても監視しておくと安心です。設定しておきたい監視項目は3つです。

◆インターネット経由で特定URLからSSL/TLS証明書が取得できるか

特定URLからSSL/TLS証明書を取得できるかを監視します。よくあるミスとしてリダイレクトを行う際に、リダイレクト前のSSL/TLS証明書を正しく設定できていないことがあります。

◆SSL/TLS証明書の有効期間が十分か

定期的にSSL/TLS証明書の中身を分析して有効期限の残り日数を監視します。証明書の期限の更新には数日かかる場合もあるので、余裕を持った残日数で監視設定をしておくとよいでしょう。

◆SSL/TLS証明書の整合性に問題はないか

一見すると正しいSSL/TLS証明書に見えても、中間証明書の記載位置が間違っているなどのミスがあると証明書自体が無効とされます。

筆者が所属する株式会社ハートビーツでは「check-tls-cert」と呼ぶ自作のSSL/TLS証明書チェッカーを用いて整合性や期限チェックを行っています。こちらはGitHub上[1]で公開しています。

[1]：https://github.com/heartbeatsjp/check-tls-cert

COLUMN

クラウドでのリソース監視項目はオンプレミスより多くなりがち

クラウドでは割り当てリソースを柔軟に変更させることができることから、オンプレミスより多くの項目を監視することになる場合が多いです。

たとえば、クラウドでは一部のインスタンスタイプなどでCPUの使用率に一定の基準値が定められており、基準値を超えて利用している場合制限がかかったり、ディスクにおいてはディスクサイズごとに上限が決められている秒間の書き込みや読み込みの回数(IOPS=I/O Per Sec)が一定量を超えると制限がかかることがあります。クラウドではこういった制限に対応する設定項目を追加しておくと安全です。

また、オートスケーリングなどの動的にリソースが変化するようなサービスではキャパシティが自動的に変動します。クラウドではこういったオンプレミスにはない要素についても監視を検討することになります。

SECTION-71

クラウドの監視サービスの実例

それでは実際にクラウドにある機能を使って監視を試してみたいと思います。ここではAWSのCloudWatchというサービスを利用して監視設定を行っていきます。

リソース監視

AWSのCloudWatchを使った監視設計としては各IaaSやPaaSのメトリクスデータをCloudWatchと呼ばれるメトリクスのサービスに送信し、CloudWatch Alermを利用してしきい値のチェックを行い、Amazon SNSを使ってユーザーに通知します。

●CloudWatchを使ったAWS環境の監視方法

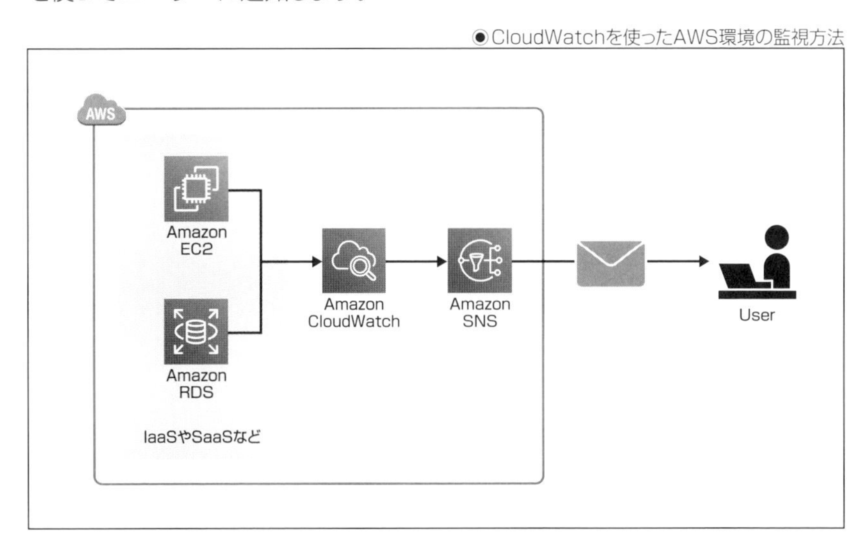

ここではデフォルトでEC2から転送されているメトリクスの1つであるCPU Utilizationの監視を行ってみます。

❶ サービス一覧から「CloudWatch」を選択します。

●リソース監視設定画面1（サービス一覧）

❷ すべてのメトリクスからアラートを作成したいメトリクスを選択します。

●リソース監視設定画面2（メトリクス一覧）

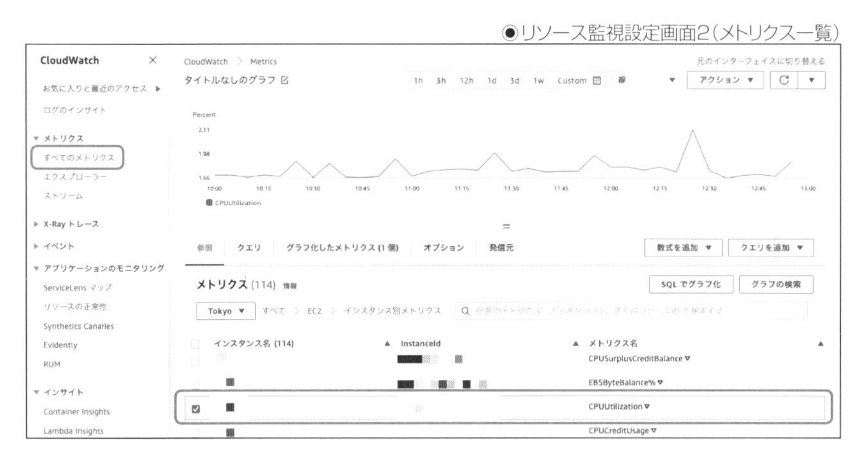

❸ グラフ化したメトリクス欄へ移動し、アクション欄にあるベルのマークをクリックします。

●リソース監視設定画面3（メトリクス詳細）

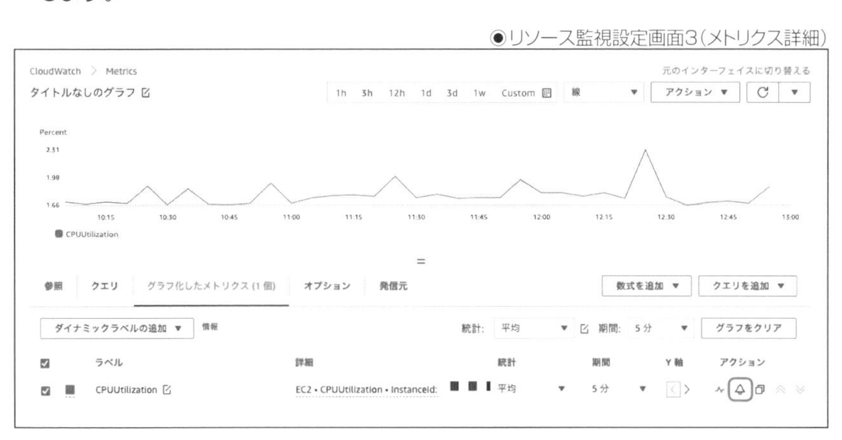

❹ アラートの条件を設定します。ここではCPU使用率が90%以上の場合に通知を送るようにします。また、「CPU Utilization」はEC2からデフォルトで送信されるメトリクスであり、データが常に存在するはずなので、データが欠損した場合も異常として検知するようにしています。

◉リソース監視設定画面4(条件の設定)

条件

しきい値の種類

静的
値をしきい値として使用

異常検出
バンドをしきい値として使用

CPUUtilization が次の時...
アラーム条件を定義します。

より大きい
> しきい値

以上
>= しきい値

以下
<= しきい値

より低い
< しきい値

... よりも
しきい値を定義します。

90

数字である必要があります

◉リソース監視設定画面4-2(条件の設定2)

▼ その他の設定

アラームを実行するデータポイント
アラームを ALARM の状態にするために超えている必要がある評価期間内のデータポイント数を定義します。

1 / 1

欠落データの処理
アラームを評価する際に欠落データを処理する方法。

欠落データを不正 (しきい値を超えている)とし... ▼

❺しきい値を設定することで、上部のグラフでしきい値の確認が可能です。

●リソース監視設定画面5(しきい値の確認)

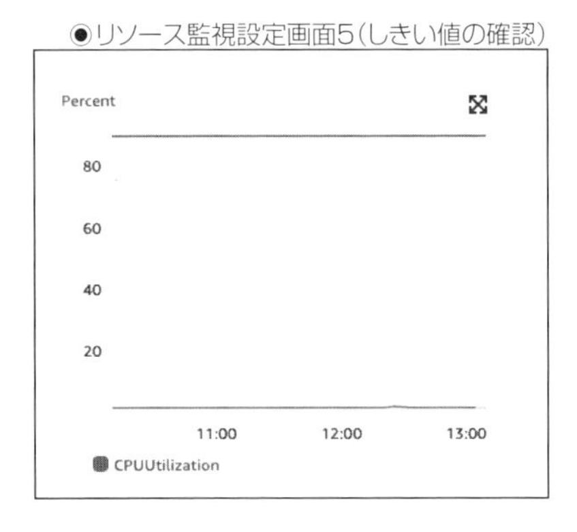

❻通知先の設定をします。

Amazon SNSサービスにて通知先の設定をSNSトピックとして設定します。Amazon SNSサービスとはアプリケーションからアプリケーションもしくはアプリケーションから個人間で利用できるフルマネージド型メッセージングサービスです。Amazon SNSでは顧客に直接通知を送信することができるため、ここではAmazon SNSサービスを利用して個人のEメールアドレスに通知を送るようにします。そのために新規にSNSトピックを作成し、Eメールエンドポイントとして自身のメールアドレスを指定します。SNSトピックの新規作成時にはメールアドレスの認証が必要になります。下記のようなメールがAWSから送信されるため、認証してください。

●SNSトピック作成に届くメールの例

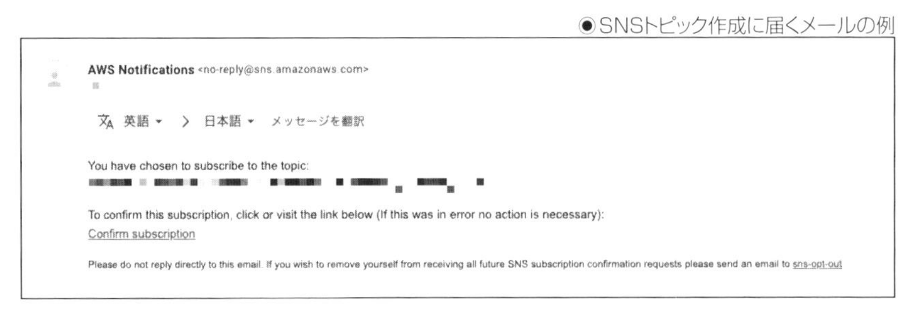

❼アラームトリガーではアラーム状態とOKの2つの設定を行います。OKについても設定する理由は、復旧を検知できないと実際にログインして状態を確認するまでいつ復旧したのかわからないためです。

●リソース監視設定画面6（通知の設定）

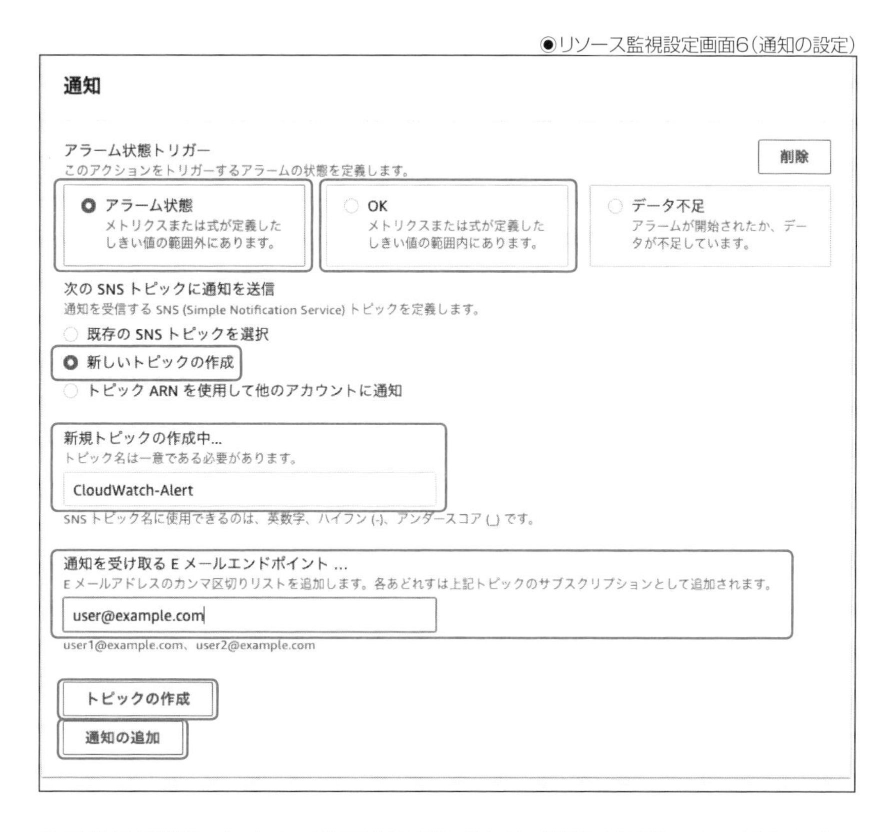

❽最後に名前をつけます。ここではテストのため、「CPU Utilization」とします。

●リソース監視設定画面6（通知の設定）

CloudWatch ＞ アラーム ＞ アラームの作成

ステップ1
メトリクスと条件の指定

ステップ2
アクションの設定

ステップ3
名前と説明を追加

ステップ4
プレビューと作成

名前と説明を追加

名前と説明

アラーム名
CPUUtilization

アラームの説明 - オプション
CPUUtilization

最大1024文字 (14/1024)

キャンセル　戻る　次へ

❾ すると作成したアラームはすべてのアラームから確認ができるようになります。

◉リソース監視設定画面8(アラーム一覧)

CloudWatch > アラーム

アラーム (2)　Auto Scaling アラームを非表示　選択のクリア　複合アラームの作成　アクション　アラームの作成

検索　任意の状態　任意のタイプ　すべてのア...　1

名前	状態	最終状態の更新	条件	アクション
CPUUtilization	OK	2022-07-21 22:13:18	5 分内の1データポイント のCPUUtilization > 90	アクションが有効になっています

サービス監視

AWSではデフォルトでサービス監視用のメトリクスが提供されていないことが理由で、リソース監視のようにサービス監視を行えません。そのため、ここではAWS CloudWatch SyntheticsというURLの死活監視のサービスを利用します。AWS CloudWatch SyntheticsではCanary(カナリア)と呼ばれるスケジュールに沿って実行されるスクリプトを作成して監視を行います。

❶ サービス一覧から「CloudWatch」を選択します。

◉サービス監視設定画面1(サービス一覧)

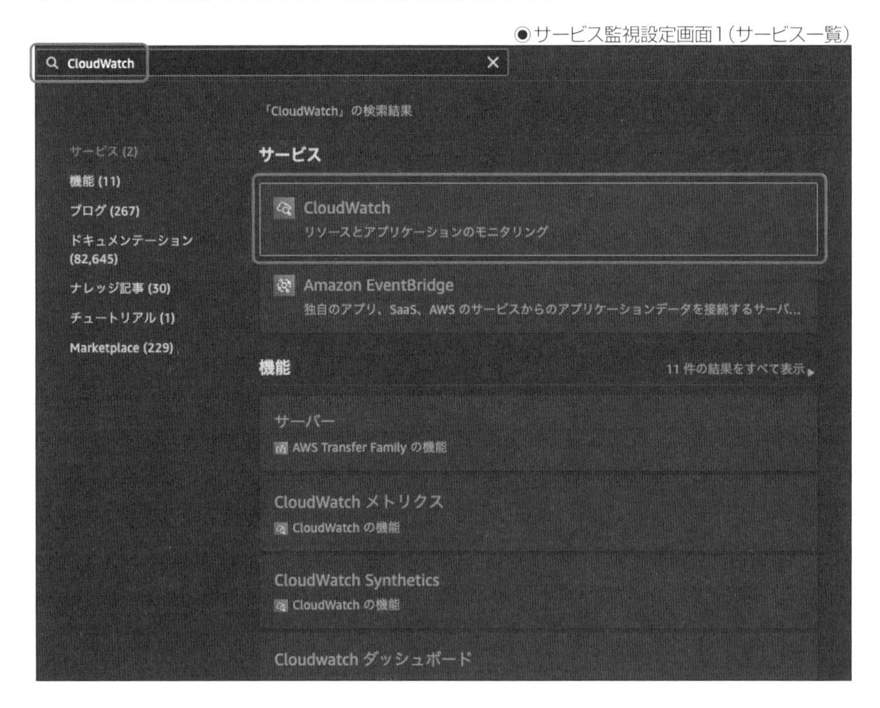

❷「アプリケーションのモニタリング」から「Synthetics Canary」を選択し、[Canaryを作成]ボタンをクリックします。

●サービス監視設定画面2(Synthetic Canary)

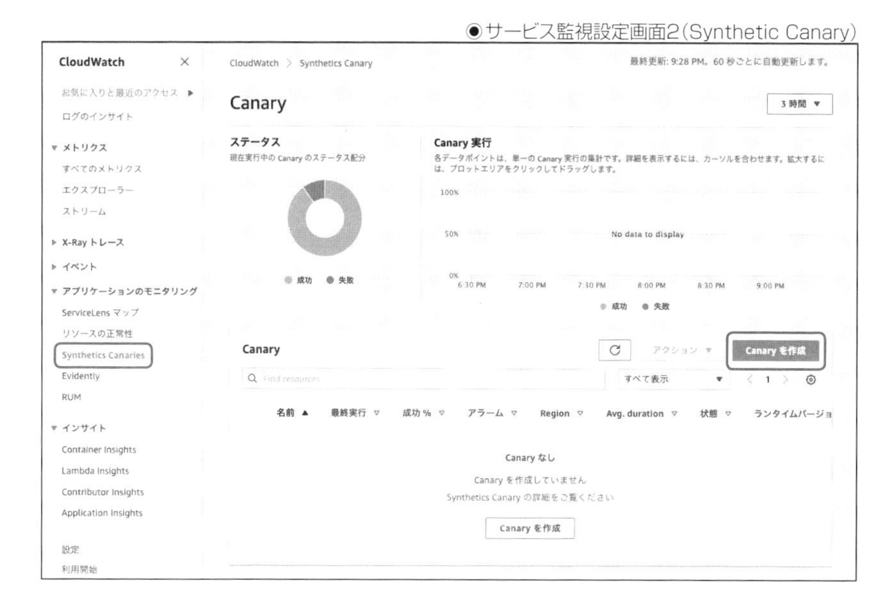

❸ Canaryビルダーにて名前とエンドポイントURLを入力します。

●サービス監視設定画面3(Canaryビルダーの設定)

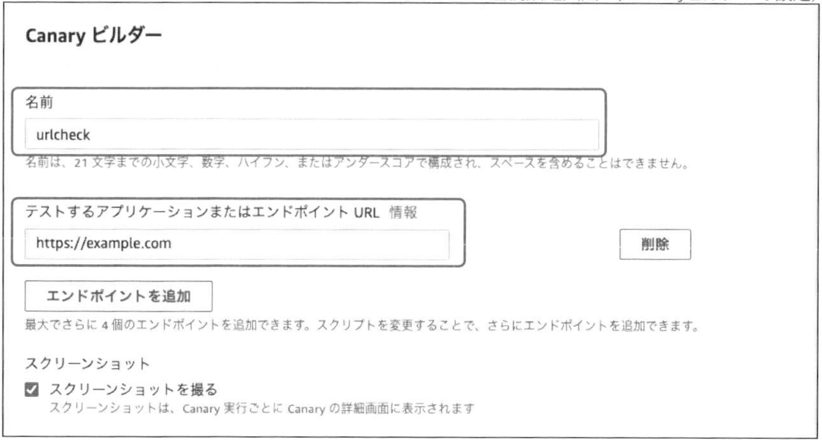

Canary ビルダー

名前

urlcheck

名前は、21 文字までの小文字、数字、ハイフン、またはアンダースコアで構成され、スペースを含めることはできません。

テストするアプリケーションまたはエンドポイント URL 情報

https://example.com

削除

エンドポイントを追加

最大でさらに 4 個のエンドポイントを追加できます。スクリプトを変更することで、さらにエンドポイントを追加できます。

スクリーンショット

☑ スクリーンショットを撮る

スクリーンショットは、Canary 実行ごとに Canary の詳細画面に表示されます

❹ 通知先を設定します。

Amazon SNSサービスにて通知先の設定をSNSトピックとして設定します。リソース監視同様に新規にSNSトピックを作成するか、先ほど作成したSNSトピックを利用してください。

◉サービス監視設定画面4(SNSトピックの作成)

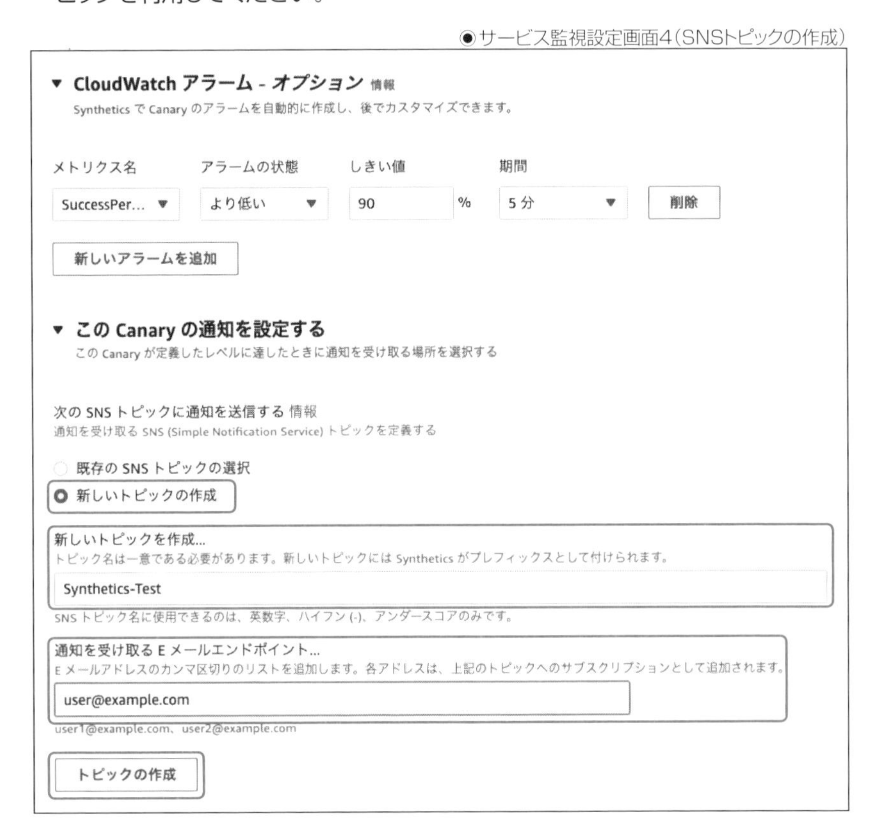

❺ 作成が完了した後、しばらく待機しているとURLの死活監視ができるようになります。

◉サービス監視設定画面6(設定完了)

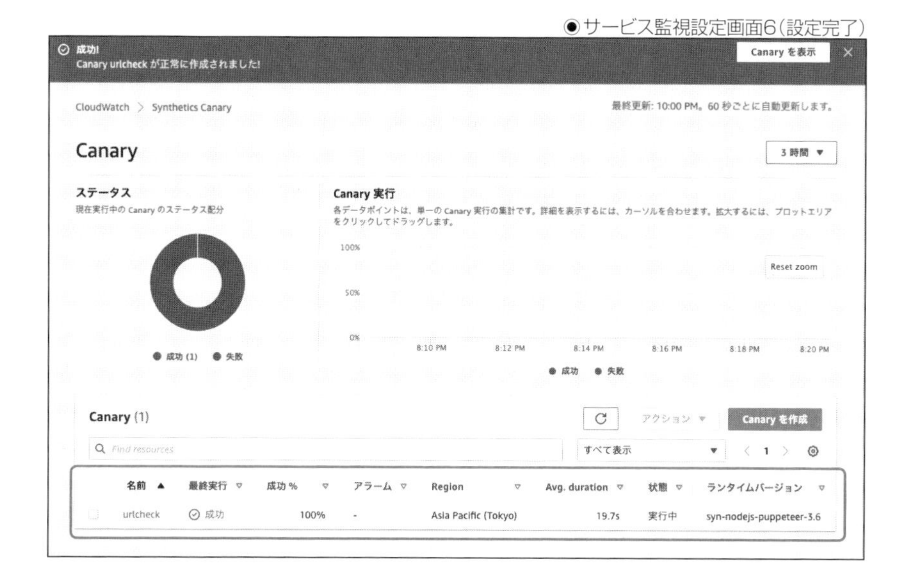

COLUMN

CloudWatch Syntheticsではコンテンツのチェックもできる

AWS CloudWatch SyntheticsのことをURLの死活監視のサービスと紹介しましたが、実態はpuppeteer[2]と呼ばれるブラウザ操作をスクリプトで再現できるツールであるため、実は死活監視だけではなく工夫次第で取得したコンテンツのチェックなども行うこともできます。

◆ アラームのテスト

作成したアラームについてアラートのテストを行うようにします。本来であればすべての項目についてテストしたほうがよいですが、少なくとも下記の項目を確認するようにします。

- SNSの設定が正しくできているか一部の監視を実際に検知させて正しく通知が行われるかどうかを確認する。
  - 通知の設定をしたつもりでメールアドレスを間違えていることがあります。
- しきい値の単位を間違えていないかを確認する。

[2]: https://github.com/puppeteer/puppeteer

実際にアラートを出すために疑似的に負荷をかけてみたり、サービスを停止させて疑似的に障害を起こしてみるのもよいでしょう。ただし、PaaSなどの利用課金が発生するものは費用が増えてしまう可能性もあるため、注意してください。

疑似的に負荷をかけたり、疑似障害を起こす方法として下記のような方法があります。

- stressコマンドでCPU負荷をかけたり、メモリ使用量を増加させる。
- ddコマンドで大きいファイルを作成し、IO負荷をかける。
- プロセスやインスタンスを停止/起動させてみる。
- iptablesコマンドやfirewalldコマンドでネットワークを遮断する。
- 負荷試験用のコマンドやツールを利用する。
    - ab(Apache Bench)コマンド
      (https://httpd.apache.org/docs/2.4/programs/ab.html)
    - gatling(https://gatling.io/)
    - Apache JMeter(https://jmeter.apache.org/)
    - tsung(http://tsung.erlang-projects.org/)
    - k6(https://k6.io/)

COLUMN

監視のやり方はさまざま

AWS CLIや CloudWatchのWeb APIを利用することで、好きなときに好きなところからCloudWatchに独自のメトリクスを送ることができます。たとえば、サービス監視であればサーバー上でcurlコマンドを使ってサービスの応答秒数を取得し、かかった時間をCloudWatchに転送することでリソース監視と同様の方法で監視することもできます。

詳細な方法は割愛しますが、やり方を工夫することで同じ仕組みで監視の幅を広げることができます。うまくサービスを活用しましょう。

SECTION-72

その他の方法で監視を行う

クラウドサービスの監視機能だけでは物足りなくなった場合は、自分で監視システムを運用するか、もしくは外部SaaSサービスを利用するといった方法もあります。また、監視作業自体を外部業者に委託するという方法もあります。

自分で監視システムを用意する

自分で監視システムを用意して監視する方法です。自由度は上がりますが、監視システムを管理する手間が生じます。監視システム用のソフトウェアとして利用できるオープンソースには下記のものなどがあります。

- Nagios(https://www.nagios.org/)
- Zabbix(https://www.zabbix.com/)
- Prometheus(https://prometheus.io/)

外部SaaSサービスを利用する

監視機能をSaaSサービスとして提供している企業のサービスを利用する方法です。監視システムを自前で管理する必要がないのが大きなメリットです。

- Datadog(https://www.datadoghq.com/ja/)
- Mackerel(https://ja.mackerel.io/)
- New Relic(https://newrelic.com/jp/products/infrastructure)

MSP(マネージド・サービス・プロバイダー)を利用する

監視や管理などを一括して委託することができるMSP(マネージド・サービス・プロバイダー)という外注サービスがあります。MSPサービスを委託することで、監視設定、障害一次対応、リソース管理など一式を任せることができます。

国内のMSP事業社一覧は下記のページを参照してください。

URL https://mspj.jp/member

COLUMN

監視運用にかかるコスト

障害はいつ起こるかわからないため、24時間365日休まず監視することが必要となります。もしこの監視体制を自前で持つことにした場合にどの程度の人手が必要となるか試算してみます。試算するにあたり、1カ月を720時間（24時間×30日）、1人あたりの1カ月の勤務時間は160時間（1日8時間×20日）、監視対応を2名体制で行うこととすると、次のようになります。

$$720\text{h} \div 160\text{h} = 4.5\text{人} \fallingdotseq 5\text{人}$$

$$5\text{人} \times 2\text{名体制} = 10\text{人}$$

このように計算上は少なくとも10人の体制が必要になります。たとえば、1人あたりの人件費が500万円/年とすると年間で5000万円となります。MSPサービスの利用を検討する場合には、このコスト感を前提にMSP事業社を選定することになります。

MSP事業社によっては、監視だけでなくインフラの構築や最適化についても受け持ってくれる会社もあるため、困ったときには相談してみるとよいでしょう。

SECTION-73
クラウド環境の監視で気をつけること

クラウドにおいて監視を行う場合に気をつけるべきポイントが3つあります。

クラウド自体の障害で監視が行えなくなるリスクに備える

クラウド自体の障害が発生すると、その障害に巻き込まれて一時的に監視できなくなり、結果的に障害が発生してもアラートが検知できなくなる可能性があります。同じクラウド内で監視サービスと監視対象リソースを使っている場合は注意が必要です。

データやログなどのデータが消失するリスクに備える

リソースが利用できなくなることで、障害対応時に必要なデータやログが消失する可能性があります。特に重要なデータやログは別のインフラ基盤やクラウドベンダーが提供するモニタリングサービスなどにも置くなどの考慮が必要になります。

壊れることを考慮して作成する

クラウド上で生成したサーバーインスタンス上に監視エージェントなどを配置しているような場合は、インスタンス再生成の可能性も考え監視セットアップの自動化をしておくことをおすすめします。

具体的には、たとえばAWS環境でオートスケーリングを利用するような場合であれば、UserData[3]やオートスケーリングに設定するAMI[4]に組み込んでおく方法や、もしくはInfrastructure as Codeなどの仕組みを用意しておくといった方法があります。

[3]：オートスケーリングでサーバーを起動する際に、任意のスクリプトを実行できる機能(https://docs.aws.amazon.com/ja_jp/AWSEC2/latest/UserGuide/user-data.html)
[4]：Amazon Machine Image (AMI)。インスタンスのイメージ(https://docs.aws.amazon.com/ja_jp/AWSEC2/latest/UserGuide/AMIs.html)

SECTION-74

クラウドベンダーの障害を検知できるようにする

クラウドベンダーで大規模な障害が発生した場合、少なからず影響を受けることがあります。広範囲に影響が及ぶ場合は各クラウドベンダーのステータスページにて掲載されることがあるため、下記のページについては情報を確認するようにしましょう。各ページにはRSSが提供されているため、RSSの配信を受け取るようにしておくと情報を素早く取得できます。

- AWS
  - https://status.aws.amazon.com/
  - https://phd.aws.amazon.com/phd/home#/dashboard/open-issues
- Azure
  - https://status.azure.com/ja-jp/status
  - https://portal.azure.com/#blade/Microsoft_Azure_Health/AzureHealthBrowseBlade/serviceIssues
- GCP
  - https://status.cloud.google.com/

SECTION-75
アラートを検知した後のことを考える

監視の設定を行い、監視を開始したら完了ではありません。実際に障害が発生し通知が来た場合のことをあらかじめ考えておく必要があります。

監視を開始する前に少なくとも下記のことを決めておく必要があります。

担当者を決める

障害はいつ起こるかわかりません。人間には休息が必要なため、必ず複数人で対応できるような体制を組みます（当たり前ですね）。

障害が起きたときその障害の対応に詳しいのはそのサービスを作った人と監視の設定を行った人です。監視項目の目的やサービスの仕様は担当者間で共有しておくとよいでしょう。

障害発生時の対応方法を考えておく

監視項目に対して対応方法や確認項目をあらかじめ検討しておきます。ただし、障害は複合的な問題で発生することがあります。あらかじめ用意しておいたものを過信しすぎないようにします。

また、対応の記録を残しておくことで次の障害に役立てる仕組みも考えておきます。こういった対応の記録や再発防止のための取り組みのことをポストモーテムと呼びます。

エスカレーションフローを確立しておく

運用担当だけでは解決しない障害の可能性もあります。開発担当への連絡手段やルールをあらかじめ検討します。必要であればお客様などへの連絡方法やルールも決めておくとよいです。

その他

監視は一度設定したら終わりでなく、運用しながら継続して見直していく必要があります。定期的に見直すべき内容は次の通りです。

◆ 不要な監視設定を減らす

アラートが増えると重要な障害が起きたときに見逃してしまいます。特に監視が不要なアラートが発生しないように適時監視設定を見直します。

◆監視設定のしきい値を調整する

サービスへのアクセス状況が徐々に変化することによってリソース利用状況も変化していきます。その時々で監視設定の適正値も変化するので、定期的にリソース監視のしきい値を見直します。

しきい値をどの程度にしておくかは監視対象によってさまざまです。サービスに問題がないのにアラートが飛んでしまったり、逆にサービスに問題が出ているのにアラートが飛ばないなどの問題が発生しないように、運用開始前から監視を試してみることでしきい値が正しく設定されているかどうかを確認しましょう。

◆通知先を分ける

実障害が発生しうる場合と、キャパシティプランニングを行うべきかどうかを判断する場合とで監視設定のしきい値を分け、それぞれで通知先を分けておくと、どこにアラート通知が来たかを見るだけである程度の緊急度が判断できるようになります。

本章のまとめ

監視は重要です。とりあえず監視設定を行えば安心なわけではなく、本当に必要な監視設定が何なのかを考えてながら監視を設定する必要があります。一度監視設定を行えば終わりではなく、監視を開始してからがスタートという気持ちを持つことが大切です。監視内容は継続的に見直しをすることをおすすめします。そして監視はアラートを発生させるだけではなく、人や運用の準備をすることまでが重要となります。

おわりに

本書はクラウド初学者向けに書き下ろしたクラウドエンジニアの教科書です。クラウドベンダー各社のサービスの間にさまざまな違いがある中で、本書では各社サービスで共通するクラウドの世界観を紹介しつつ、日々マルチクラウドを使いこなしている著者陣の経験から特に大切と思う事項をもれなく盛り込みました。

クラウドの世界は広大なため、おそらく多くの人は自分が必要な部分だけ都度調べながら使っていると思われます。もし、クラウドを一から学ぶとしたら、クラウドの世界観をおおよそ押さえつつ、細かい部分は実際に使いながら習得するという方法が有効です。

本書を執筆するにあたって、3大クラウドを比較しながら書き進めるスタイルを取りましたが、書き進める過程で、各社でほぼ同じ目的で用意されているはずのサービスでも名称や機能が微妙に異なるといったことが多々あったため、どのようにシンプルに説明していくか苦心しました。その甲斐があって各社クラウドの違いを明確に区別しつつもわかりやすい本に仕上がったのではないかと考えております。

最後になりますが、本書を執筆するきっかけをいただいた担当編集としてたくさん助言と催促をいただいたC&R研究所の吉成さん、普段、仕事の中でいろいろ助けてくれる職場の皆さん、本書の校正を快く引き受けていただいた、技術開発室の滝澤隆史さんと鈴木隆世さん、およびインフラエンジニアの教科書2のときも丁寧に原稿をチェックいただいた北山貴広さんに厚く御礼を申し上げます。そしてSNSなどで助言をいただいた多くの皆さんと、長い執筆期間中陰で支えてくれた妻と子供たちにも深く感謝したいと思います。

2022年8月

著者陣を代表して
佐野裕

索引

T

V

W

Y

Z

あ行

か行

は行

ま行

や行

ら行

■著者紹介

さの ゆたか
佐野 裕　CHAPTER-01 ～ 06、CHAPTER-08担当

富士通株式会社でSE職を経て、LINE株式会社に創業メンバーとして2000年から20年間、主にインフラエンジニアやプロジェクトマネージャーとして従事。2020年から株式会社ハートビーツに勤務。現在技術開発室、人材開発室、および経営戦略室の室長を兼任。インフラエンジニアの教科書シリーズの著者。

いとう しゅんいち
伊藤 俊一　CHAPTER-07、CHAPTER-11、CHAPTER-12担当

2011年より株式会社ハートビーツで学生アルバイトとしてjoin。2015年に正式に入社。障害対応チーム、構築担当チームを経て2021年現在は技術開発室に所属。社内インフラ基盤の運用/設計から、社内サービスのシステム開発まで幅広く担当している。

おじま ひろゆき
小嶋 宏幸　CHAPTER-10担当

2021年より株式会社ハートビーツに勤務。技術開発室にてMSP 事業を支える社内システムの開発・運用や各種自動化に取り組んでいる。

Namihira　CHAPTER-09担当

2020年に株式会社ハートビーツに入社し、技術開発室にて社内向けアプリケーションなどの開発に従事後、退職。現職では、サービスやデータ基盤の構築から運用を行っており、主にHCLとYAMLを読み書きしている。

■株式会社ハートビーツの紹介

株式会社ハートビーツは、MSP(マネージド・サービス・プロバイダー)事業および、システムコンサルティングやセキュリティコンサルティングなどのITコンサルティング事業を手掛け、お客様の安全・快適で豊かなITインフラを支えています。MSP事業では、ITインフラの設計・構築・運用・監視を行う「マネージドサービス」を提供しています。約5000台のAWS・Azure・GCPなどで動くシステムに精通しており、お客様へ「ITインフラの運用に、安心と感動を!」の価値をお届けするべく活動しております。
その他、高い技術力をもってお客様の作りたいWebサービスやWebアプリの開発支援を行う開発事業と、SaaS事業に取り組んでいます。
　URL　https://heartbeats.jp/

編集担当 ： 吉成明久 / カバーデザイン ： 秋田勘助（オフィス・エドモント）
写真 : ©Nataliia Peredniankina - stock.foto

●特典がいっぱいのWeb読者アンケートのお知らせ

C&R研究所ではWeb読者アンケートを実施しています。アンケートにお答えいただいた方の中から、抽選でステキなプレゼントが当たります。詳しくは次のURLのトップページ左下のWeb読者アンケート専用バナーをクリックし、アンケートページをご覧ください。

C&R研究所のホームページ　https://www.c-r.com/

携帯電話からのご応募は、右のQRコードをご利用ください。

クラウドエンジニアの教科書

2022年9月22日　初版発行

著　者　株式会社ハートビーツ、佐野 裕、伊藤俊一、小嶋 宏幸、Namihira

発行者　池田武人
発行所　株式会社　シーアンドアール研究所
新潟県新潟市北区西名目所 4083-6(〒950-3122)
電話　025-259-4293　FAX　025-258-2801
印刷所　株式会社　ルナテック

ISBN978-4-86354-371-3 C3055